光突发交换技术

乐孜纯　朱智俊　付明磊　王　强　编著

机械工业出版社

光突发交换技术是近年来受到学术界和产业界广泛关注的光交换技术。本书围绕光突发交换技术中的网络架构、节点结构、关键算法、实现技术等核心问题,介绍了光交换技术概况、网络业务量与常用网络性能指标、光突发交换网的汇聚技术、光突发交换网的信令技术、光突发交换网的调度技术、光突发交换网的冲突消解技术、光突发交换网的路由技术、光突发交换网络的生存性技术、光突发交换网络的仿真软件平台、光突发交换网络边缘节点的硬件设计、光突发交换网络核心节点的光学结构设计等内容。全书内容全面系统,专业性和针对性强。

本书可供从事光网络研究与应用的科研与技术人员,以及高校相关专业的教师、研究生和本科生学习和参考。

图书在版编目(CIP)数据

光突发交换技术/乐孜纯等编著. —北京:机械工业
出版社,2014.7
ISBN 978 - 7 - 111 - 46697 - 0

Ⅰ.①光… Ⅱ.①乐… Ⅲ.①光纤通信 – 通信交换
Ⅳ.①TN929.11②TN91

中国版本图书馆 CIP 数据核字(2014)第 092805 号

机械工业出版社(北京市百万庄大街 22 号 邮政编码 100037)
策划编辑:吉 玲 责任编辑:吉 玲 张利萍 刘丽敏
版式设计:赵颖喆 责任校对:佟瑞鑫
封面设计:张 静 责任印制:刘 岚
北京京丰印刷厂印刷
2015 年 1 月第 1 版第 1 次印刷
184mm×260mm · 11 印张 · 264 千字
标准书号:ISBN 978 - 7 - 111 - 46697 - 0
定价:35.00 元

凡购本书,如有缺页、倒页、脱页,由本社发行部调换
电话服务 网络服务
社服务中心:(010) 88361066 教材网:http://www.cmpedu.com
销售一部:(010) 68326294 机工官网:http://www.cmpbook.com
销售二部:(010) 88379649 机工官博:http://weibo.com/cmp1952
读者购书热线:(010) 88379203 **封面无防伪标均为盗版**

前　言

　　随着信息通信技术的蓬勃发展，人们对高速移动互联、高清视频点播、高质量视频电话等新兴业务的需求急剧增加。加之物联网技术逐步得到推广与认可，人与人、人与物、物与物的联系与互动使得当前的信息交互量与日俱增。因此，选择具有大容量、高速率和智能化特点的光交换网络作为未来电信网与互联网的基础信息承载机制已经成为业界的共识。

　　光突发交换技术是近年来受到学术界和产业界广泛关注的光交换技术。它与光线路交换技术和光分组交换技术并称为"光交换技术领域的三大主流技术"。尤为重要的是，光突发交换技术在网络性能、技术实现难度和现有光学器件的成熟度等方面实现了较完美的折中，有望实际应用并示范推广。本书围绕光突发交换技术中的网络架构、节点结构、关键算法、实现技术等核心问题展开，旨在帮助读者更好地了解和学习光突发交换技术的基本原理和关键技术。全书共分11章，第1章是光交换技术概述；第2章介绍网络业务量与常用网络性能指标；第3章介绍光突发交换网的汇聚技术；第4章介绍光突发交换网的信令技术；第5章介绍光突发交换网的调度技术；第6章介绍光突发交换网的冲突消解技术；第7章介绍光突发交换网的路由技术；第8章介绍光突发交换网络的生存性技术；第9章介绍光突发交换网络的仿真软件平台；第10章介绍光突发交换网络边缘节点的硬件设计；第11章介绍光突发交换网络核心节点的光学结构设计。

　　本书第1章、第3~5章和第11章由乐孜纯撰写；第7章、第9章、第10章由朱智俊撰写；第6章和第8章由付明磊撰写；第2章由王强撰写。全书最后由乐孜纯统编定稿。

　　本书凝聚了笔者所在科研团队多年的科研经验和实践总结，并且自2005年起有幸得到国家自然科学基金（61172081、61007031）、浙江省科技计划重大和重点项目（2009C11051、2005C21010）、浙江省自然科学基金（LZBF010001、Y1080172、Y1110923、LQ12F05008）和浙江省科技计划公益性工业项目（2011C21011）等科研项目的资助支持。在此，对国家自然科学基金委员会、浙江省科技厅和浙江省自然科学基金委员会表示最衷心的感谢。同时，本书还包含了科研团队中张明和全必胜两位老师，以及方江平、潘迪飞、朱晓菲、郑和蒙、郭蕊、朱振华、朱冉、陈拓、陈伟、李翔、卞燕如、陈君、侯继斌硕士在他们攻读硕士学位的部分研究成果。同时，王伟文、孟轲、柴志成、张彭生、厉屹和沈立峰对文稿的文字校对和插图处理也做了很多工作，在此一并感谢。

　　由于作者水平有限，书中难免有错误与不足之处，敬请同行和读者们批评指正。

编　者

目　录

第1章　光交换技术概述

20 世纪 60 年代，随着激光器的诞生，相继出现了许多新兴的研究领域和方向，通信中的光交换技术正是在 20 世纪 70 年代被提出的研究课题。随着光交换技术的长足发展，至今已形成种类繁多的光交换器件和不同方式的光交换机制。

目前 Internet 上存在 Tbit/s 及以上量级的语音、数据和图像信息需要传输、交换和存储，这是电子技术无法做到的。光子技术在 Tbit/s 及以上量级的传输、交换和存储上显示出电域交换无法比拟的优势，因此充分利用光子技术建立全光传输/交换网的设想应"需"而生。众多通信研究机构和高校致力于宽带交换技术、光交换器件和灵活高效的控制协议等技术的研究，全光试验网、示范网在全球纷纷建立，光交换技术正在快速地发展并逐步被应用和推广。

本章主要介绍光交换技术的分类、常用光交换技术的概念与比较、光交换技术的研究进展以及光突发交换技术的基本原理。

1.1　光交换技术简介

传统光纤通信网络在节点处对光纤中的信号经过光-电-光的处理后转发到下一个节点，这使得整个网络的速率主要由电域中的速率决定，造成了所谓"电子速率"瓶颈。特别当光纤速率远远超过电域速率时，这种矛盾越发明显。使得需要有一种全新的交换方式，让光信号在节点处能够直接在光域中进行传输和交换，形成一个透明的光网络。随着 IP 网络近些年来呈指数型的增长，对作为其底层的光交换技术的发展要求更加迫切。

全光通信网络的关键技术主要包括光传输技术、光交换技术、光放大技术和光处理技术等几大类。其中光交换技术是全光网络系统中的一项重要支撑技术，它的发展在某种程度上也决定了光通信网络的发展。

目前光通信网络中的传输容量已经超过了 Tbit/s 量级。而电交换技术由于存在交换速率、功耗等因素，很难进行 Tbit/s 量级的信息交换。所以，光交换技术的发展是势在必行的。其中，光交换技术的优势、新型光电子器件的进步和光波技术本身在光交换中的广泛应用是推动光交换技术发展的三个主要驱动力。

1）光交换技术具有如下技术优势：

① 光交换技术使得光信号能够高速并行地交换和传输（WDM 技术）。

② 光信号具有极大的带宽（大于 1Tbit/s）、抗干扰性好。

③ 光信号的比特速率和调制方式具有透明性，便于扩展新业务。

④ 光交换过程不需要光电/电光转换，避免了"电子速率瓶颈"的限制。

⑤ 光信号能够良好匹配光传输系统，信号质量好，可靠性高。

⑥ 光交换器件体积小、功耗小、便于集成、成本较低。

2）随着各种新型的电光/声光/热光/磁光材料，半导体量子阱、波导、光纤等线性或者非线性材料的利用，大量新型的光交换器件应运而生。这些新型的光交换器件是组成光交换系统的基本单元，并且凭借其良好的性能改善，提高了光交换系统的性能。

3）光波技术自激光产生后被广泛地研究和发展。比如，利用光波在自由空间的反射、折射、衍射等传播特性，能够产生不同的自由空间光交换方式；利用光波的复用技术，能够产生空分、时分、波分等不同的光传输方式；利用光波的非线性效应，能够形成多种波长变换技术；而光波的高速调制、相干检测技术、滤波技术等也直接用于高速光交换网络的组件、分组或者信元的产生、报头或者信头的编码与识别等。

1.2　光交换技术分类

光交换技术是指在光域上直接将输入光信号交换到不同的输出端，而不需要任何光/电（O/E）转换。

1）按复用方式不同，光交换技术可分为以下几种：

① 时分光交换技术：将一条复用信道划分成若干个时隙，每个基带数据光脉冲占用一个时隙，多个基带时隙复用成高速光数据流信号进行传输。时分光交换在时间轴上将复用光信号的时隙转换到另一时隙。

② 空分光交换技术：将不同信道的光信号通过改变光的传输路径来实现交换，它需要通过改变并建立两个或多个点之间的光物理通道来完成。这个通道既可以是波导，也可以是自由空间的波束。

③ 波分光交换技术：利用波分解复用器将光波分信道空间分隔开，对每个波长信道分部进行波长变换，然后再将它们复用起来，经由一条光纤传输。光信号在网络节点中不经过光/电转换，直接将信息从一个波长转换到另一个波长。

④ 码分光交换技术：根据不同的地址码来区分各路光信号，码分光交换是把一种地址码变为另一种地址码，来实现交换功能。

2）按交换粒度划分，目前在光层上有三种光交换方式：

① 光线路交换（OCS）：在光学层面，以一个波长通道上的业务流量作为最小交换单元。

② 光分组交换（OPS）：以光分组包作为最小的交换单元。

③ 光突发交换（OBS）：采用单向预留机制，数据包和控制包独立传输，以光突发包作为最小的交换单元。

1.3　三种主流光交换技术

1.3.1　光线路交换技术

采用 OCS 的光通信网络是波长路由光网络（WRON）。在 WRON 中，每一个连接请求都会通过端到端的光通道进行通信。并且光通道的建立方式采用了双向预留的方式，即源节点发出建立连接请求的数据分组，只有源节点在接收到来自目的节点的确认信息后才开始发送数据。每一个光通道的交换粒度是一个波长，所以 WRON 必须满足波长一致性条件，即同一个光纤链路上不同的光通道必须采用不同的波长。OCS 交换方式的特点是适合高速率、高带宽的业务传输，并且要求业务的生存时间相对于光通道的建立时间足够长。但是，在传输突发性较强的业务时，如 Internet 中的数据业务，OCS 由于其交换粒度粗（波长粒度）、通道建立和拆除时间长等缺点将导致较低的带宽利用率和较低的交换效率。

1.3.2　光分组交换技术

OPS 是一种典型的"存储-转发"式交换方式，并且对于连接请求采用单向预约方式。OPS 技术旨在光学层面上实现细粒度的信息交换，并且实现光网络中带宽资源的统计复用，具有较高的带宽利用率。因此，OPS 适合传输和交换类似于 IP 的突发性较强的业务。然而，在 OPS 的研究和实验过程中，需要解决的技术问题还很多。比如，光开关矩阵的交换性能、OPS 的控制协议、物理参数管理与控制、光分组的产生、同步、再生、分组头重写以及光分组之间的光功率等。这些技术问题使得 OPS 技术目前仍然处于未成熟阶段。

1.3.3　光突发交换技术

为了提高可实现性就必须尽量避免使用目前还未成熟、商用的器件，而为了提高交换性能又必须尽量减少单次通信的时延。这就需要一种新的交换方式能够像 OCS 那样提前预留资源，又能像 OPS 那样采用单向预留资源的方式，由此 OBS 应运而生。

1999 年纽约州立大学的 Chunming Qiao 和 J. S. Turnor 等人提出了光突发交换网络的概念，至今 OBS 已经发展成为光交换网络的一种主流技术。光突发交换以光突发数据包为交换单位，通过在单独的信道（一般是单独的波长）中提前发送突发控制包（BCP），以便预留相应的突发包所需的资源。后续核心节点在电域处理控制信息，突发数据包（BDP）透明地（全光）到达目的节点，途经的中间节点不需要对它作任何识别或者其他相关处理，只需要将其按预先配置的信息进行波长变换、延迟。光突发数据包是在入口边缘节点由多个具有相同特性的分组（如相同的目的节点地址或同类的服务质量要求）汇聚而成，并在出口边缘节点完成解汇聚。光突发交换网络结构如图 1-1 所示。

OBS 的基本原理可结合图 1-2，从以下三个方面进行详细说明：

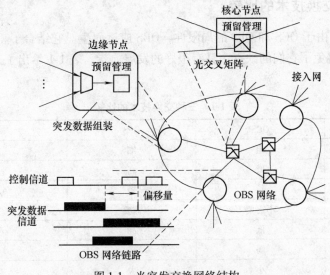

图 1-1　光突发交换网络结构

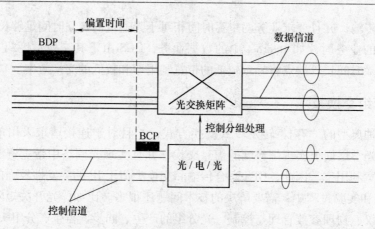

图 1-2　光突发交换原理

1）以突发数据包（BDP）为基本传送单位。OBS 网络边缘节点按照一定的汇聚算法将多个输入的 IP 分组组装成一个 BDP，然后再将其发送到网络中，从而增大了网络的传输和交换颗粒。这一方面保持了 OPS 网络的灵活性和高带宽利用率（OBS 仍然采用统计复用），另一方面又可以缓解核心节点处理速度上的瓶颈，包括消息处理速度和光开关速度。实际上，IP 分组交换通常要求光开关的速度为纳秒级，而突发数据包的交换只要求光开关的速度为微秒级。

2）BCP 和 BDP 在传送时间和信道上完全分离。在传送时间上，BCP 提前 BDP 一段时间发送，这段时间称为偏置时间（Offset Time）。为避免 BDP 在传送过程中"超过"BCP，要求偏置时间要大于 BCP 在所经过中间节点的处理时间之和。在传送信道上，OBS 采用带外信令方式，BCP 和 BDP 利用不同的波长信道进行传送。为避免使用复杂的光逻辑器件，BCP 在核心节点进行光/电转换后在电域进行处理，为 BDP 预留网络资源。而随后到达的 BDP 以"切通"方式直接通过核心节点，不需要使用光/电转换和光存储设备。

3）网络资源一般采用"单向预留"方式。为提高信道利用率，降低数据的端到端时延，BDP 在发送时只需等待一个偏置时间，不用等待资源预留成功的确认就可以发送。

1.3.4　三种光交换技术的比较

如上文所述，由于 OCS 和 OPS 的局限性，OBS 应运而生。它结合了粗粒度 OCS 和细粒度 OPS 的优点，避免了它们的缺点，具有很好的发展前景。表 1-1 给出了三种交换技术之间的比较。

表 1-1　三种交换技术的比较

光交换方式	OCS	OPS	OBS
粒度	粗	细	中等
带宽利用率	低	高	高
建立延迟时间	长	短	短
光缓存	不需要	需要	不需要
实现难度	低	高	中
适用性	弱	强	强
处理/同步开销	小	大	大

与 OCS 和 OPS 相比，OBS 具有如下 6 个优点：

1）具有中等的交换粒度和较低的控制开销。

2）支持带宽统计复用方式，具有较高的带宽利用率。

3）具有控制信道和数据信道分离传输的方式，避免中间节点的缓存处理。

4）具有单向预留机制，有效降低连接时间和端到端时延。

5）数据传输的过程是完全透明的，中间环节不需要任何光-电-光转换。

6）支持服务质量（QoS）。

1.4　光交换技术的国内外研究进展

美国、欧洲和日本等发达国家于 20 世纪 90 年代开始确立了光网络技术及应用的战略计划和部署。而我国也通过高技术"863"计划对光网络发展相关的光器件、光系统、光传输、光交换技术等进行了研究和应用。

1. 美国的 ARPA 计划和 NGI 计划

ARPA 以政府资助、研究开发项目的形式将国家实验室、大学、研究中心、通信设备制造商和电信业务运营商联合起来，并且制定了光网络大规模应用试验计划。ARPA 旨在验证光网络及其技术的可行性，加快全光网络的实用化、商业化进程。该计划的第一期是实施光网络技术联合（ONTC）和全光网络联盟（AON）项目。第二期计划是建立多波长光网络（MONET）、国家透明光网络（NTON）等试验网。美国国家信息基础设施建设的另一个重大计划是 NGI 计划。它包括高性能计算机和通信（HPCC），高带宽、高速率的全国性网络VBNS，Internet II 以及下一代 Internet（NGI）等建设项目。这些项目的目标是将先进技术、网络结构、控制管理，以及网络经济等综合起来，构造全光网络的演示、测试、试验和新技术开发平台。并且通过 NGI 计划展示全光网络的技术优势和发展前景，为实施下一代高性能、高可靠性和经济性的全光网络打下坚实的基础。

2. 欧洲的 RACE 计划和 ACTS 计划

欧洲通信委员会设立了"欧洲先进通信方式的研究和技术开发"（RACE）计划和"先进通信技术和服务"（ACTS）计划。第一个计划旨在建立多个 WDM 实验网，将宽带光网络的关键器件、基础技术和研究成果用于实验网和子系统，以进行测试和验证。第二个计划旨在利用欧洲各国的主要通信基础设施，进行光网络实用技术研究，并推动未来的先进通信技术研究。其中代表性的项目为：泛欧光网络（OPEN，AC066）、城域光网络（METON，AC073）、泛欧电子传输重叠网（PHOTON，AC084）、光通信管理（MOON，AC231）和社团光纤骨干网（COBNET）等。其中，ACTS 计划下的"光分组交换关键技术（KEOPS）"项目中研究并实现了基于波长选择交换和路由交换技术。

3. 日本的高速宽带光网络研究

日本将对新一代网络技术的掌握视为提升其经济实力和国家竞争力的重要手段。日本政府通过邮电省、先进电信组织（TAO）、国家通信技术研究院（NTCT）和先进电信技术研究基金（SCAT）等，设立了多个网络建设计划项目。其中典型的项目有：e-Japan 战略计划、STAR 计划、JGN1 和 JGN2、OBS 网络技术、U-Japan 构想等。这些项目逐步建立起日本的高速网络基础设施，促进了高速宽带网络新技术的研究及国际合作研究。

4. 中国的光网络研究与发展

我国政府十分重视光网络基础设施的建设。在"八五"期间，我国以速率为 140Mbit/s 的 PDH 系统为主，建立了 20 多条省际光缆线路。在"九五"期间，我国以 622Mbit/s、2.5Gbit/s 的 SDH 系统为主，又建设了 20 多条主干光缆线路。从而将北京、上海、广州等中心城市通过光缆线路连接起来，形成了"八纵八横"的国家光纤干线网。同时，省内的长途干线网与国家干线网同步建立，光纤接入网也逐步推进。在"九五"、"十五"期间，我国继续投入大量人力、物力，通过"863"、"973"等国家级项目相继建设了"中国高速互联试验网（NSFCNet）"、"中国高速信息示范网（CAINONet）"、"中国网通骨干网（CNC-Net）"、"高性能宽带信息网（3TNet）"、"中国下一代互联网示范工程（CNGI）"，以及"光时代计划（O-TIME）"等重大建设项目。我国的这些建设项目旨在加快我国信息基础设施的研究和应用，形成具有自主知识产权的产品及其应用支撑环境。并且在这个过程中，培养中国光网络通信及其相关领域的技术人才，促进我国经济发展，使我国在新一代通信网核心技术方面进入世界前列。

1.5　本章小结

本章介绍了光交换技术的概念和几种典型的光交换技术，对比了三种主流光交换技术的优缺点。OBS 技术兼顾了 OCS 技术和 OPS 技术的优点，同时避免了两者的缺点，为构建下一代光网络开拓了新的思路。

第 2 章　网络业务量与常用网络性能指标

网络业务量模型是网络性能分析的基础，可靠的业务量模型对于网络协议的设计、网络拓扑的设计、网络性能的分析以及拥塞控制等具有重要意义。业务量模型的研究是一个分析、设计、建模、求证的循环反复的过程。为了建立正确的业务量模型，需要针对特定的网络，选择流量模型、设定模型参数、进行模型组合等。本章主要介绍网络业务量模型以及常用的网络性能指标。

2.1　泊松业务量模型

在通信网络技术发展过程中，业务量模型研究一直备受关注。20 世纪 70 年代以来主要借鉴 PSTN 的业务量模型，用 Poisson 模型来描述数据网络的业务量模型，一般称为经典业务量模型。其数学表达如下：

定义 2-1（泊松过程）：计数过程 $\{X(t), t \geqslant 0\}$ 为具有参数 $\lambda > 0$ 的泊松过程，若它满足下列条件：

1) $X(0) = 0$。

2) $X(t)$ 是独立增量过程。

3) 在任一长度的 t 区间中，事件 A 发生的次数服从参数 $\lambda > 0$ 的泊松分布，即对任意 $s, t \geqslant 0$，有

$$P\{X(t+s) - X(s) = n\} = \mathrm{e}^{-\lambda t} \frac{(\lambda t)^n}{n!}, n = 0, 1, \cdots \tag{2-1}$$

由于泊松过程是平稳增量过程且 $E[X(t)] = \lambda t$。$\lambda = E[X(t)]/t$ 表示单位时间内事件发生的平均个数，故称 λ 为泊松过程的速率或强度。

1) 外部数据源产生流量的时间间隔为指数分布，即数据源到达为一 Poisson 过程，令 $\{D(i) \mid i = 1, 2, \cdots, n\}$，$D(i)$ 表示数据包 i 和 $i+1$ 的间隔时间。

2) 数据源一次产生流量的长度服从指数分布，令 $\{L(i) \mid i = 1, 2, \cdots n\}$，$L(i)$ 表示数据包 i 的数据长度。

3) $D(i)$ 和 $L(i)$ 相互独立。

2.2　自相似业务量模型

2.2.1　网络流量的自相似特性

随着 Internet 的飞速发展，视频会议、多媒体传输等逐渐成为网络的主流业务，也使得现代网络业务呈现出越来越高的复杂性和突发性，能否揭示现代网络业务的真实性并为网络技术研究提供正确和有效的业务量模型，成为研究现代网络的关键。

20 世纪 70 年代，由于网络业务的性能单一，人们主要基于泊松过程、指数分布等建立

模型，这些模型是平稳的独立增量过程，它们的共同特点是所描述的流量序列都具有短相关性。

另一种可采用的方法是具有无穷大方差的分布，特别是采用参数 α 介于 1 和 2 之间的 Pareto 分布作为 ON/OFF 时段的模型。在这个范围内 Pareto 分布随机变量具有有限均值和无穷大的方差。可以证明：多 Pareto 分布随机变量的叠加结果就是 Hurst 参数 $H = (3 - \alpha)/2$ 的自相似通信量。对于 $1 < \alpha < 2$，有 $0.5 < H < 1$，即 H 处于自相似范围之内。类似 Pareto 这样的重尾分布比较真实地反映了单个以太网信源的实际情况。直观来看，重尾分布的较高或无限大方差表现出极大的可变化性，即表现出在所有时间尺度上都具有可变化性。一个应用或一台工作站通常以突发的方式产生通信量，突发之间是空闲时段。对于高方差分布而言，则有关时间间隔的范围就可能非常宽，既包含了许多很短的突发，也包含了许多较长的突发和一些很长的突发。

同理万维网浏览器可以描述为一个 ON/OFF 信源并且数据刚好符合 Pareto 分布。在多个测量结果中，发现 Pareto 分布的参数 $1.5 < \alpha < 1.6$。自相似行为可以这样解释，服务器传回浏览器的报文大小，其分布的尾部服从 Pareto 类型的分布。万维网通信量反映了随机选取文件进行传输的特点。特别是如果用户是通过跟随超级链接选择要传送的文件而不考虑待传文件的大小时，一次传送的文件大小实质上就代表了从万维网同类文件中进行的一次随机采样。因此从万维网上得到的文件大小的分布是重尾分布，因为万维网上虽然有大量的小文件，但也有大量的较大的以及很大的文件。其中很大文件的例子包括多媒体文件，而这种文件正在成为万维网上的主流文件。

通过对大量的网络业务流的测量和分析发现：网络业务在很长时间范围内都具有相关性，即业务流具有长相关（LRD）特性，而自相似（Self-similar）模型是最能够描述这种特性的模型之一。

2.2.2　自相似的数学定义

由于网络业务流在数学上等效为一离散时间序列，下面先给出贝尔实验室对自相似过程的离散时间定义。

考察一个广义平稳的随机过程 $X = \{X_t: t = 0, 1, 2, \cdots\}$，其中 X_i 表示第 i 个单位时间里到达的网络业务实体的数目，平稳时间序列的期望和方差分别为：$\mu = E[(X_t)]$，$\delta^2 = E[(X_t - \mu)]$。

自相关函数为：$r(k) = E[(X_t - \mu)(X_{t+k} - \mu)]\delta^2$，且仅与 k 有关。对每个 $m = 1, 2, 3, \cdots$，令 $X_k^{(m)} = (X_{km-m+1} + X_{km-m+2} + \cdots + X_{km})/m$，$k = 1, 2, 3, \cdots$，代表长度为 m 的聚集过程，$x^{(m)} = \{X_k^{(m)}, k = 1, 2, 3, \cdots,\}$ 是一个根据 X 得到的 m 阶聚合序列，记 $r^{(m)}$ 为 $X^{(m)}$ 的自相关函数。

定义 2-2（二阶自相似）：上面的随机过程 $X(t)$，如果对于所有的 $m = 1, 2, 3, \cdots$，都有：

$$r^{(m)}(k) = r(k) = \frac{1}{2}[(k+1)^{2H} - 2k^{2H} + (k-1)^{2H}] \to k^{-\beta}, \quad 0 < \beta < 1, \quad k \to \infty \quad (2\text{-}2)$$

其中 $H = 1 - \beta/2$。我们称这样的随机过程 $X(t)$ 为具有自相似参数 H 的严格自相似过程（Exactly Second-order Self-similar），H 参数表示自相似性的强弱。对于随机过程 $X(t)$，如果它满足条件：

$$\lim_{m \to \infty} r^{(m)}(k) = r(k) = \frac{1}{2}\left[(k+1)^{2H} - 2k^{2H} + (k-1)^{2H}\right] \tag{2-3}$$

则称其为渐近自相似（Asymptotically Second Order Self-similar）的。

定义 2-3（长程相关）：如果 X 的自相关函数 $r(k)$ 是不可求和的，即

$$\sum_{k=-\infty}^{\infty} r(k) = \infty \tag{2-4}$$

则称 X 是长程相关的。

自相似与长程相关并不等同，有的自相似过程不是长程相关的，也有的长程相关不属于自相似，不过，对于我们感兴趣的 H 参数满足 $0.5 < H < 1$ 的自相似网络业务来讲，它是长程相关的，因此，本章在不引起混淆的情况下将不加区别地使用这两个概念。

自相似程度的大小用 Hurst 参数（$0.5 < H < 1$）来表征，H 越大，自相似程度越高。检测一个给定的时间序列是否具有自相似性，只需要估计其 Hurst 参数大小即可。现在评估 Hurst 参数的方法已经有很多种，比如方差-时间图（V-T plot）、R/S 图、周期图、绝对矩（Absolute Moments）、残数方差（Variance of Residuals）、小波分析等，其中有些可以图形化，有些只能给出数值结果。

2.2.3　网络流量的自相似模型分析

传统的流量模型已不能很好地描述实际的网络特征，于是人们提出用具有长相关特性的自相似模型来描述网络流量。下面就网络中广泛应用的自相似模型进行介绍。

1. ON/OFF 模型

ON/OFF 源叠加模型是对传统模型的扩展，将自相似过程看成是无数数据源叠加的结果。网络中存在着大量的数据源，该模型假定每个源有 ON 和 OFF 两个状态，各个数据源相互独立且状态持续时间符合重尾分布。当数据源处于 ON 状态时，以恒定的速率产生数据，而处于 OFF 状态时，不产生数据。理论上，足够多个具有 Pareto 分布的 ON/OFF 信号源叠加，可以产生出应用于传统以太网的通信量。

ON/OFF 模型把复杂的流量特征细化到了单个信号源，有利于分析和解释产生自相似的原因而且其模型构造简单，构造过程有明确的物理意义。它的缺点是假设前提太苛刻，大多数据源都不符合。而且由这类方法所产生序列的 Hurst 参数并不稳定。因此 ON/OFF 模型常常被用于探索网络自相似现象产生的根源，研究模型各个参数和控制策略对网络设计的影响。图 2-1 为 ON/OFF 源叠加模型。

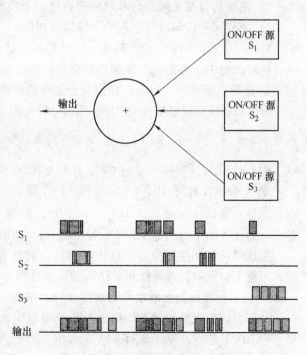

图 2-1　ON/OFF 源叠加模型

2. 确定性模型

除了用 ON/OFF 数据源叠加来生成长相关业务流的方法外，有不少学者提出用基于混沌映射的确定性模型来分析网络流量的自相似特性。一维映射状态变量为

$$x(n+1) = \begin{cases} f_1(x_n), 0 \leqslant x_n < d \\ f_2(x_n), d \leqslant x_n \leqslant 1 \end{cases} \tag{2-5}$$

分组到达过程由与之相关联的变量 y_n 表示，即

$$y_n = \begin{cases} 0, 0 \leqslant x_n < d \\ 1, d \leqslant x_n \leqslant 1 \end{cases} \tag{2-6}$$

式 (2-5) 中第一部分为线性段，ON/OFF 时间呈几何分布，$P(L > 1) \propto \alpha^{-1}$（$L$ 为队长）；第二部分为非线性段，$f(x) \approx \varepsilon + x + cx^{\alpha}$，其中 ε 为很小的常数。ON/OFF 期间停留时间呈 Pareto 分布，即

$$P(L > 1) \propto \frac{1}{l^{m-1}}, (l \to \infty), H = \frac{3m-4}{2m-2}$$

混沌映射易于进行网络排队分析，便于分析系统的性能，但是它难以给出不变密度的解析表达式，而且它所产生的业务流的自相似特性的时间尺度和阈值 d 有关。

3. TES 模型

TES 建模方法提出的最初动机是为了捕获业务流的突发性。TES 过程是一个具有任意边缘分布以及在很宽范围内的自相关函数的自相关序列。它能够产生各种各样的采样路径（包括循环和任意方向）和具有各种形式（如单调，振荡）的自相关函数。

假设有一些静态时间序列，建立一个 TES 模型需同时达到三个目标：

1）模型的边缘分布与时间序列的边缘分布相匹配。
2）模型的自相关函数与时间序列的自相关函数相匹配。
3）采样路径应与时间序列的采样路径相似。

TES 提出后得到了广泛的应用。它能很好地处理网络业务流的非指数下降或者周期性尖峰等情况，但 TES 参数化比较困难，建模过程太复杂，建模过程中需要人工干预等。

4. 分形高斯噪声（FGN）模型与分形布朗运动（FBM）模型

分形高斯噪声模型是目前广泛使用的一种自相似模型，它是严格二阶自相似过程。分形高斯噪声 $X = \{X_k : k = 1, 2, 3, \cdots\}$ 为一平稳高斯噪声，其自相关函数 $r(k) = \frac{1}{2}(|k+1|^{2H} - 2|k|^{2H} + |k-1|^{2H})$，$k \geqslant 1$。当 $k \to \infty$ 时，$r(k) \propto H$，X 与 $X^{(m)}$ 具有相同的分布。

令 A_t 表示在时间 $(0, t)$ 分组到达的个数，则 A_t 是一种具有定长增量的自相似高斯噪声，如果它满足 $A_t = mt + \sqrt{am}B_t$，$(t > 0)$，则为分形布朗业务。其中 $a > 0$ 为网络流量方差，m 为业务的平均到达率，B_t 为标准的分形布朗运动生成的随机变量。

用这两种模型进行参数估计比较简洁，且具有较好的数学基础。但它们是严格自相似的，不能很好地对具有短期相关结构的流量进行分析。

5. 分形自回归聚合滑动平均模型（FARIMA）

分形自回归聚合滑动平均模型是传统模型中自回归聚合滑动平均模型（ARIMA）的扩展。FARIMA 是一种基于 FARIMA (p, d, q) 过程的业务生成方法。它的定义为 $\phi(B)\Delta^d X_k = \theta(B)\varepsilon_k$。其中 $\phi(B)$ 为自回归项（AR），$\theta(B)$ 为滑动平均项，B 为定义的一个延

迟算子，$\Delta = 1 - \beta$ 为差分算子，ε_k 为高斯过程。对实数 $d \in (0, 0.5)$，X 为具有长相关特性的平稳可逆过程，分形差分算子 $\Delta^d = (1 - B)^d = \sum\limits_{k=0}^{\infty} C(d,k)(-b)^k$。分形差分意味着参数 d 可以是非整数值，其中 $C(d,k)(-1)^k = \dfrac{\Gamma(-d+k)}{\Gamma(-d)\Gamma(k+1)}$，$\Gamma$ 是 Gamma 函数。当 $k \to \infty$ 时，相关函数 $r(k) \propto ak^{2d-1}$，a 为有限正值，与 k 无关。X 是渐进自相似的，其自相似参数 $H = d + 1/2$。

FARIMA 模型可以有效地描述网络流量的长相关特性，同时也能很好地表示具有短相关结构的业务流量，缺点是它的计算量太大。

6. 多分形小波模型（MWM）

小波分析是一种变分辨率的时频联合分析方法，通过伸缩和平移运算可以很好地观察和研究信号，同时小波变换是一种不损失任何信息的守恒变换，能很好地描述和处理非平稳时间序列。

多重分形小波模型是基于 Haar 小波的网络流量模型。Haar 小波是最简单的一种小波，其尺度函数和小波函数为

$$\varphi(t) = \begin{cases} 1, 0 \leq t < 1 \\ 0, \text{其他} \end{cases} \tag{2-7}$$

$$\psi(t) = \begin{cases} 1, 0 \leq t < 0.5 \\ -1, 0.5 \leq t < 1 \\ 0, \text{其他} \end{cases} \tag{2-8}$$

我们采用 Haar 小波作为母小波，其中母小波函数为任何满足 $\int_{-\infty}^{\infty} \psi(t)\mathrm{d}t = 0$ 的函数 $\Psi(t)$，则信号 X 在第 j 层的尺度系数 $a_x^j(k)$ 和小波系数 $d_x^j(k)$ 可递推求得，其递推公式为

$$\begin{cases} a_k^{j-1} = 2^{-0.5}(a_{2k}^j + a_{2k+1}^j) \\ d_k^{j-1} = 2^{-0.5}(d_{2k}^j + d_{2k+1}^j) \end{cases} \tag{2-9}$$

由式（2-9）可得

$$\begin{cases} a_{2k}^j = 2^{-0.5}(a_k^{j-1} + d_k^{j-1}) \\ d_{2k+1}^j = 2^{-0.5}(a_k^{j-1} - d_k^{j-1}) \end{cases} \tag{2-10}$$

在建立基于离散小波变换的多重分形模型时，要保证尺度系数非负，因此需要满足条件 $a_k^j \geq |d_k^j|$。设尺度因子 $m_j(k) \geq d_k^j/a_k^j$，上述条件可转化为 $|m_j(k)| \leq 1$。

设初始流量数据为离散序列 $X = \{X_k : k = 1, 2, 3, \cdots\}$，对 $X(k)$ 进行分解得到相应的尺度系数 a_k^j 和小波系数 d_k^j，计算每一层的尺度因子 $m_j(k) = d_k^j/a_k^j$，记录最大尺度上的尺度因子 $m_N(0) \geq d_0^N/a_0^N$ 以及 a_0^N，尺度因子 $m_j(k)$ 在不同的尺度上的分布特性也都近似于零均值的高斯正态分布，所以其分布特性就可以用标准差 $\mathrm{std}(j)$ 以及相应的上下限 $m_{\max}(j)$ 和 $m_{\min}(j)$ 描述。

MWM 能够对网络流量的长相关和短相关特性进行描述，小波分析可以非常有效地处理非平稳序列，且处理速度较快，但是小波变换系数并非在每个尺度下都独立，而且其实现相当复杂。

在进行网络的性能分析、流量预测、设计规划和拥塞控制等时，业务流模型是一个非常

重要的组成部分。在选取业务流模型时，我们不仅仅要考虑所选取算法性能的优劣，还要考虑算法实现的复杂度。在以上的各个模型中，FGN 与 FBM 算法计算和参数捕获的算法复杂度为 $O(n)$，ON/OFF 模型和 FARIMA 模型的算法复杂度为 $O(n^2)$。

2.3　常用网络性能指标

参照一般网络互联设备的测试指标，常用的网络测试应当包括以下指标：

1）吞吐量：网络中发送数据包的速率，可用平均速率或峰值速率表示。通常指网络在不丢包的条件下每秒转发包的极限。

2）时延：一个报文或分组从一个网络（或一条链路）的一端传送到另一端所需要的时间。

$$总时延 = 发送时延 + 传播时延 + 处理时延$$

① 发送时延：节点在发送数据时使数据块从节点进入到传输媒体所需要的时间。

② 传播时延：在信道中传播一定距离而花费的时间。

③ 处理时延：数据在交换节点为存储转发而进行一些必要的处理所花费的时间。

3）丢包率：网络节点在不同负载情况下丢弃的包占收到的包的比例。

4）链路带宽利用率：度量网络中已用的链路带宽和所有链路带宽资源之比。

5）延迟抖动：数据块从发送方到达接收方所经历时间的长短变化。引起延迟抖动的原因较多，可能是由网络系统本身缺陷引起的，也可能是由网络的硬件或软件引起的，最常见的是由网络自身的流量传输状况造成的。

6）资源利用率：度量网络带宽被占用了多少和网络拥塞的一个关键参数。如果资源利用率过高，表明网络负载较大；反之，表明网络较空闲。

7）可靠性和可用性：在给定的时间间隔和给定条件下，系统能正确执行其功能的概率。可用性是指系统在执行任务的任意时刻能正常工作的概率。

2.4　本章小结

本章主要介绍了网络业务量模型与常用网络性能指标。光突发交换网络已经从最初的构思，发展到理论研究并向仿真平台和实验平台迈进，国内外很多研究机构都搭建了自己的研究平台，这些工作都对光突发交换网的研究起到了很大的促进作用。由于构建示范网络是复杂的系统工程，并且很多所需的光器件远未成熟商用，因此通常还需要以仿真分析的手段对网络性能进行探索，特别是对于更逼近真实网络的业务量研究和网络性能仿真仍是重要手段之一。总的来说，光突发交换网是面向未来的光交换技术，有理由相信在互联网突发业务迅猛发展的势头下，光突发交换技术是一种最具竞争力的实用化技术。

第3章　光突发交换网的汇聚技术

当前的汇聚算法一般是基于业务分组的缓存时间或者是缓存队列的长度来控制突发包的生成。各种汇聚算法的区别主要在于如何设置和使用这两个参数，例如使用单一参数或者同时使用两个参数，使用固定参数或者使用动态参数。而在使用动态参数方面，使用一些自适应参数的算法是目前的研究热点。另外，在自相似业务量模型下汇聚算法的研究也是目前研究的热点。

在算法的硬件实现方面，一些专利或者学位论文都报道了各自的实现方案。这些工作都对 OBS 边缘节点的实用化做出了有益的尝试。本章主要介绍 OBS 边缘节点的基本结构、几种 OBS 网络中常用的汇聚技术和自适应汇聚技术及性能。

3.1　OBS 边缘节点的基本结构

边缘节点接到上层数据之后，将突发分组进行排队。突发调度按照数据信道和控制信道的使用情况，采用一定的调度算法，选择突发包的发送。同时提取突发包的控制信息，当突发包位于队首时，控制信令设置其偏置时间，并发送控制分组，控制分组主要包括突发包的路由信息、偏置时间、长度、信道编号、QoS 等信息。在经过偏置时间后，突发包由突发调度算法调度成帧送入 WDM 光层。在接收节点处，也由边缘节点完成包的拆卸工作。边缘节点的发送部分把到达的数据包组装成突发包，并按照 OBS 协议把它们发送到 OBS 网络中，其中用到的技术包括路由表查询、业务量分类、流量整形等。边缘节点的组装部分根据从端口通道输入的数据包的目的地址和服务等级（QoS）要求把这些数据包整理到相应的突发包缓冲队列里。边缘节点的调度部分（Scheduler）则根据突发数据包的类型和等级，按照满足特定要求的算法分配突发包的传输时隙和光通道。为了方便调度，往往需要跟踪各个输出光通道还未预定的时隙资源。OBS 边缘节点中汇聚模块的基本结构如图 3-1 所示。

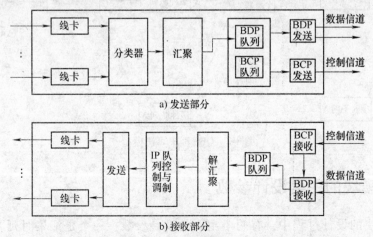

图 3-1　OBS 边缘节点中汇聚模块的基本结构

3.2 汇聚算法的基本原理

OBS 网络边缘节点汇聚模块的功能就是把来自不同网络的数据适配进 OBS 网络，即对接入的数据进行整合，将对 OBS 网络性能产生重要影响。汇聚模块把多个输入的 IP 分组（假定接入的上层网络为 IP 网络）按照一定的算法组装到相应的突发队列中，组装生成突发数据包（BDP），以便在 OBS 核心网络中传输。IP 分组被组装成较大粒度的突发数据包进行传输，这样可以有效地减轻核心节点电处理的负担，提高网络整体的传输效率。因为突发数据包的长度远远大于 IP 分组，对应的突发控制包（BCP）自然较少，而控制包是在核心节点的电域进行处理的，这样就减轻了核心节点的电处理负担，更好地解决了"电子速率瓶颈"问题。

汇聚算法的基本原理通常是将接入的 IP 分组按照当前 IP 分组的目的节点地址和 QoS 等级等信息进行分类，并且假定 OBS 的每个边缘节点的每一个 QoS 等级，都有一个专门的队列用于汇聚突发数据包，所有接入的 IP 分组将根据不同类别被转发到相应的队列。当突发数据包的长度达到网络要求的数据长度门限或者突发数据包的组装时间达到规定的时间门限时，将不再向该突发数据包添加 IP 分组数据，就表示汇聚完成。同时，汇聚模块向调度模块发送一个突发组装完毕信号。等待调度模块响应后，该突发数据包会被发送到 OBS 核心网络进行传输。图 3-2 为 OBS 汇聚算法模型。

汇聚模块采用什么样的汇聚算法决定了突发汇聚的触发条件，也就决定了输出突发数据包的特性，直接影响到突发数据包的长度、突发数据包在传输过程中的丢包率、IP 数据包的端到端延时和信道的利用率等性能。所以有效的汇聚算法可以控制突发数据包的长度，改善突发数据包的丢包率，控制 IP 数据包的端到端时延，以满足业务的时延要求。

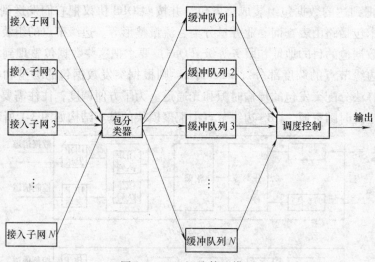

图 3-2　OBS 汇聚算法模型

3.3 汇聚模块的主要设计参数

在汇聚模块的设计过程中，有两个主要的设计参数：一个是汇聚时延 T_a，另一个是 BDP 包长 L_b。

3.3.1 汇聚时延

BDP 在边缘节点的总时延可分为三个部分：BDP 汇聚时延 T_a、处理时延 T_q、偏置时间 T_{off}。如果综合考虑 BDP 在 OBS 网络中传输时延 T_p、波长适配时间 T_{adp} 以及反向拆卸时延 T_{rec}，设 T_d 为实时业务可允许的最大端到端时延，那么汇聚时延 T_a 应满足

$$T_a < T_d - T_q - T_{off} - T_p - T_{adp} - T_{rec} \tag{3-1}$$

因此，由式（3-1）所示，BDP 的汇聚时延 T_a 具有上限。T_a 的上限因具体的传输业务要求而不同。对于时延敏感业务，T_a 应该取较小的值。但是汇聚时延如果取得过小，那么在同等业务量强度下，将会产生大量的 BDP 和 BCP，有可能引起 BDP 信道或者 BCP 信道的拥塞。所以，在以汇聚时间为汇聚门限的算法中，必须综合考虑网络流量、业务要求和当前网络资源分配等因素以选择合适的 T_a。

3.3.2 BDP 包长

在 OBS 网络里，BDP 的包长一般是可变的。由于汇聚时延上限的存在，BDP 包长具有最大突发包长的限制，记为 L_{max}。在 OBS 网络中，由于对于每一个 BDP 都需要产生一个对应的 BCP，那么在控制信道组（CCG）容量小于数据信道组（DCG）容量的情况下，包长过短的 BDP 将引起控制信道的拥塞，从而导致 OBS 网络丢包率增加。

假设当前边缘节点的输出接口共有 K 个信道，其中 CCG 有 k 个信道，DCG 有 $K-k$ 个信道。令 L_b 表示 BDP 的平均包长，L_c 表示 BCP 的包长。本章考虑 CCG 和 DCG 满负荷的极限情况，此时 CCG 的最大发包速率为 k/L_c，DCG 的最大发包速率为 $(K-k)/L_b$。为了保证汇聚模块不产生拥塞，那么必须使 CCG 的最大发包速率大于 DCG 的最大发包速率，即

$$(K-k)/L_b < k/L_c \tag{3-2}$$

由式（3-2）可得 $L_b > \dfrac{K-k}{k}L_c$。记 $L_{min} = \left\lfloor \dfrac{K-k}{k}L_c \right\rfloor$，那么 $L_{min} < L_b < L_{max}$。即，BDP 包长 L_b 存在一个变化范围。

3.4 典型汇聚算法分类

在 OBS 网络边缘节点的汇聚过程中，包长控制是组装机制中的一个关键因素，它对偏置时间生成、突发调度、拥塞控制和流量自相似性的抑制等相关的网络性能有着重要的影响。

随着近年来对 OBS 的深入研究，提出了对原有汇聚算法的改进算法和一些新的算法，总体上来说，这些汇聚算法包含的汇聚机制可以分为五类：固定分组长度汇聚机制、固定汇聚时间汇聚机制、最大突发长度最大突发汇聚时间汇聚机制、最小-最大突发长度最大突发汇聚时间汇聚机制和自适应突发汇聚机制。下面对现有的几种汇聚机制进行分析。

3.4.1 固定分组长度汇聚机制

固定分组个数汇聚机制（FBL）流程图如图 3-3 所示。K 是门限值，可以根据不同的 QoS 设置不同的 K 值。即使是同样的 QoS，也可以根据网络的不同负载情况调整 K 的大小。对一个特定的网络而言，在一定的负载下，存在一个最优的 K 值，使得网络能够满足所需

的服务质量。

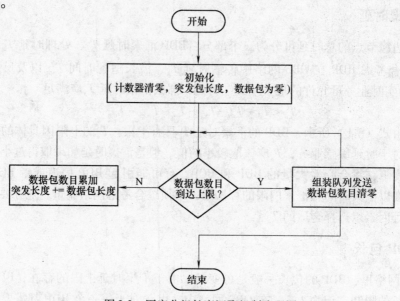

图 3-3　固定分组长度汇聚机制流程图

固定分组个数汇聚机制的原理：设置一个计数器，当第一个分组到达的时候开始计数，当计数到 K 的时候就形成一个突发包发送出去。该机制的优点在于算法简单，在分组长度固定的情况下（如 ATM 信元或 IP 分组的大小固定），可以方便地计算出突发包的长度，有利于网络的性能；其缺点是当网络流量较小时会产生很大的时延。

3.4.2　固定汇聚时间汇聚机制

固定汇聚时间汇聚机制（FAP）流程图如图 3-4 所示。与固定分组个数机制相似，在固定汇聚时间机制下，对不同的 QoS 要求，可以设置不同的汇聚时间 T。当第一个分组到达的时候，时钟开始计时，计时到 T 的时候，不论突发包的大小，都形成一个突发包并发送出去。

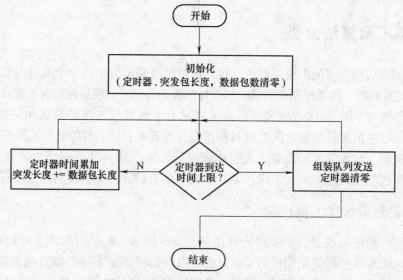

图 3-4　固定汇聚时间汇聚机制流程图

这一机制的优点是，由于突发包的汇聚时间是一个常数，这样在边缘节点处的调度就很简单；其缺点在于：当网络的负载比较重的时候，突发包可能会很长；而当网络的负载比较轻的时候，突发包的长度又会很短。在 OBS 网络中，要求突发包的大小尽可能相同，因而采用固定汇聚时间对网络的性能不利。

3.4.3　最大突发长度最大突发汇聚时间汇聚机制

最大突发长度最大突发汇聚时间汇聚机制（MSMAP）流程图如图 3-5 所示，最大突发长度（B_{max}）最大突发汇聚时间（T）汇聚机制中，如果突发包在到达最大突发汇聚时间 T 前达到了最大突发长度 B_{max}，则形成一个突发包并发送出去；否则在最大突发汇聚时间 T 时，形成一个突发包发送出去。

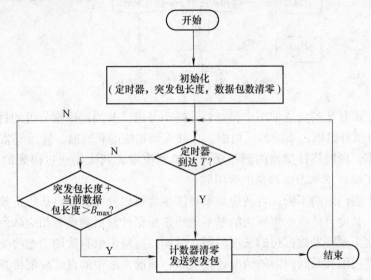

图 3-5　最大突发长度最大突发汇聚时间汇聚机制流程图

3.4.4　最小-最大突发长度最大突发汇聚时间汇聚机制

在最小-最大突发长度（B_{min}-B_{max}）最大突发汇聚时间（T）汇聚机制中，如果在最大突发汇聚时间 T 内，突发包的长度大于最小突发长度 B_{min} 而小于最大突发长度 B_{max}，则形成一个突发包；如果在最大突发汇聚时间 T 内，突发包的长度大于最大突发长度 B_{max}，则将多余的部分截断后形成一个新的突发队列，与此同时，将长度为 B_{max} 的突发包发送出去；如果在最大突发汇聚时间 T 内，突发包的长度小于最小突发长度 B_{min}，则将该突发包填充 0 直到最小突发长度 B_{min} 后形成一个突发包发送出去。事实上，如果最大突发长度取得比较大，以至于计时器已经计时到 T 时还没有达到最大突发长度，这时候这一机制就是最小突发长度 B_{min} 最大突发时间 T 机制。

3.4.5　自适应突发汇聚机制

与固定汇聚机制相比，自适应突发汇聚机制可以根据网络的负载情况动态调整突发汇聚门限。文献中自适应汇聚算法的基本思想是根据计量器测量各相应队列的数据的到达速率来动态改变汇聚门限。自适应汇聚算法功能框图如图3-6所示。

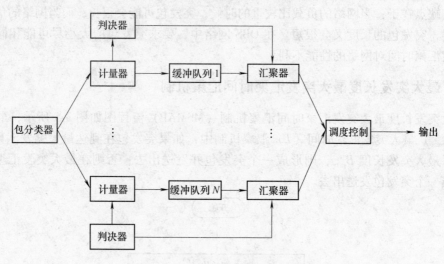

图 3-6　自适应汇聚算法功能框图

在自适应汇聚算法的功能框图中，每到达一个分组，分类器根据分组的目的节点地址和QoS的要求，将该分组插入不同的队列中。在插入到相应的队列前，计量器将会测量到达该队列的数据速率，同时将计量器的测量结果传给判决器，判决器通过得到的测量结果（一般为与设定值比较）来动态地调整汇聚门限。

根据调整汇聚门限的不同，自适应汇聚算法主要可以分为长度自适应汇聚算法和时间自适应汇聚算法。长度自适应汇聚算法的基本思想是根据计量器测量各相应队列的数据的到达速率来动态改变汇聚突发数据包的长度门限，时间自适应汇聚算法则动态改变汇聚时间。由于同时改变长度门限和时间门限的情况比较复杂，目前文献中的自适应汇聚算法仅单独对长度门限或者时间门限进行调整。

采用自适应机制的汇聚算法能在不同的环境下使网络呈现较好的性能，但这一机制的缺点在于对汇聚门限的动态调整必须要通过一定的预测机制来实现。因而从实现上来看，就显得比较复杂；如果采用的动态调整算法过于复杂则会大大增加网络的时延。

3.5　汇聚算法影响自相似业务的理论分析

从边缘节点对业务流的处理过程可看出，汇聚过程可分为"分解—组装—合并"等几个子过程，各子过程对业务流的特性都会产生影响，其中组装子过程对业务流特性的影响与所采用的汇聚算法有关。

为便于分析，将边缘节点中各业务流做成如图3-7所示的汇聚模块模型，边缘节点的输入业务流为 F_1 和 F_2，经过 QoS 等级及路由信息处理

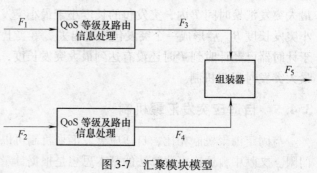

图 3-7　汇聚模块模型

后，从中提取出相同 QoS 等级和目的节点的业务流 F_3 和 F_4 作为组装器的输入业务流，组装器输出合并后的业务流为 F_5。

在论证汇聚算法对自相似性的影响前，需要证明自相似过程的合并和分解后的性质，这里我们不加证明地引用几个结论：

推论1　设 X 为一严格二阶自相似过程，自相似系数为 H，它被独立分解为 n 个子过程，则 $X_i (i = 1, 2, 3, \cdots, n)$ 是自相似系数为 H 的渐近二阶自相似过程。

推论2　设 X_i, $(i = 1, 2, 3, \cdots, n)$ 为 n 个不相关的严格二阶自相似过程，自相似系数分别为 $H_i (i = 1, 2, 3, \cdots, n)$，且全不相等，它们的合并过程为渐近二阶自相似过程，且合并过程的自相似系数为 $H = \max\limits_{i=1,2,3,\cdots,n} (H_i)$。

推论3　设 X_1 和 X_2 为两个不相关的严格二阶自相似过程，自相似系数为 H_1 和 H_2，它们的合并过程为严格二阶自相似过程的充要条件为 $H_1 = H_2$，且合并过程 $H = H_1 = H_2$。

由于严格二阶自相似和渐近二阶自相似在网络流量模型方面差别并不明显，所以可以笼统地认为其都是自相似过程。由推论 1 可以看出，当 F_1 和 F_2 为自相似过程时，则经过 QoS 等级及路由信息处理后分离出的子队列 F_3 和 F_4 也为自相似过程。由于到达同一目的节点的具有相同 QoS 等级的业务量由网络用户的输入请求决定，为了论证的方便，假定队列 F_3 和 F_4 也为严格二阶自相似过程。为了论证 F_3、F_4 和 F_5 队列 H 参数的关系，假定 F_3、F_4 经过组装器后的队列为 Q_3、Q_4。下面重点分析 F_3 和 Q_3 队列 H 参数的关系。

首先设 $X = [X_1, X_2, \cdots]$ 为 F_3 的时间抽样序列，其中 X_k 为 $k - 1$ 时刻到 k 时刻内的业务量；$X^{(m)} = [X_1^{(m)}, X_2^{(m)}, \cdots]$ 为其 m 阶的时间叠加序列。同理设 Y 和 $Y^{(m)}$ 为 Q_3 的时间采样序列和 m 阶的时间叠加序列；$f(t)$ 为时间 t 时组装器中所存储的来自 F_3 的业务量。另设 $V_m = \mathrm{var} X_k^{(m)}$，当 X 是参数为 H 的自相似过程时，有当 $m \to \infty$ 时，$V_m \propto cm^{-\beta}$，c 为常数，$H = 1 - \beta / 2$。在组装器无丢失的 H 条件下有

$$Y_k = X_k + f(k-1) - f(k) \tag{3-3}$$

对式（3-3）进行 m 阶的时间叠加得

$$Y_k^{(m)} = X_k^{(m)} + \frac{f[(k-1)m+1] - f(km)}{m} \tag{3-4}$$

引入不等式，即

$$\left| \mathrm{var}^{\frac{1}{2}}\left(\frac{Y_k^{(m)}}{V_m^{\frac{1}{2}}} \right) - \mathrm{var}^{\frac{1}{2}}\left(\frac{X_k^{(m)}}{V_m^{\frac{1}{2}}} \right) \right| \leqslant \mathrm{var}^{\frac{1}{2}}\left(\frac{Y_k^{(m)}}{V_m^{\frac{1}{2}}} - \frac{X_k^{(m)}}{V_m^{\frac{1}{2}}} \right) \tag{3-5}$$

对式（3-5）不等式两边取平方并利用关系式 $\mathrm{var}(A - B) = \mathrm{var}A + \mathrm{var}B - 2\mathrm{cov}(A, B)$ 得

$$\mathrm{cov}\left(\frac{Y_k^{(m)}}{V_m^{\frac{1}{2}}}, \frac{X_k^{(m)}}{V_m^{\frac{1}{2}}} \right) \leqslant \mathrm{var}^{\frac{1}{2}}\left(\frac{Y_k^{(m)}}{V_m^{\frac{1}{2}}} \right) \mathrm{var}^{\frac{1}{2}}\left(\frac{X_k^{(m)}}{V_m^{\frac{1}{2}}} \right) \tag{3-6}$$

式（3-6）显然成立，可得式（3-5）也成立。式（3-5）等价于

$$\mathrm{var}^{\frac{1}{2}}\left(\frac{X_k^{(m)}}{V_m^{\frac{1}{2}}} \right) - \mathrm{var}^{\frac{1}{2}}\left(\frac{Y_k^{(m)}}{V_m^{\frac{1}{2}}} - \frac{X_k^{(m)}}{V_m^{\frac{1}{2}}} \right) \leqslant \mathrm{var}^{\frac{1}{2}}\left(\frac{Y_k^{(m)}}{V_m^{\frac{1}{2}}} \right) \leqslant \mathrm{var}^{\frac{1}{2}}\left(\frac{X_k^{(m)}}{V_m^{\frac{1}{2}}} \right) + \mathrm{var}^{\frac{1}{2}}\left(\frac{Y_k^{(m)}}{V_m^{\frac{1}{2}}} - \frac{X_k^{(m)}}{V_m^{\frac{1}{2}}} \right)$$

$$\tag{3-7}$$

由于当 $m \to \infty$ 时，$mV_m \propto m \{cm^{-\beta}\}^{1/2} \to \infty$，又因为系统处于稳态时 $f(t)$ 具有有限的二阶距，即 $\mathrm{var}(f(t)) < \infty$，故有

$$\lim_{m\to\infty}\mathrm{var}^{\frac{1}{2}}\left(\frac{Y_k^{(m)}}{V_m^{\frac{1}{2}}}-\frac{X_k^{(m)}}{V_m^{\frac{1}{2}}}\right)=\lim_{m\to\infty}\mathrm{var}^{\frac{1}{2}}\left\{\frac{1}{m}\left(\frac{f[(k-1)m+1]}{V_m^{\frac{1}{2}}}-\frac{f(km)}{V_m^{\frac{1}{2}}}\right)\right\}=0 \qquad (3\text{-}8)$$

则由式（3-7）得

$$\lim_{m\to\infty}\mathrm{var}^{\frac{1}{2}}\left(\frac{Y_k^{(m)}}{V_m^{\frac{1}{2}}}\right)=\lim_{m\to\infty}\mathrm{var}^{\frac{1}{2}}\left(\frac{X_k^{(m)}}{V_m^{\frac{1}{2}}}\right)=1 \qquad (3\text{-}9)$$

即当 $m\to\infty$ 时，$\mathrm{var}\,Y_k^{(m)}\propto V_m\propto cm^{-\beta}$。由此可得，组装前后的队列具有相同的 H 参数，即 Q_3 也是自相似过程，且其 H 参数和 F_3 的 H 参数相等。

再根据推论 2 和推论 3 可知，几个互不相关的自相似过程的合并过程仍然是自相似过程，而且合并后的 H 参数等于合并前过程 H 参数的最大值。由此，可以得到 F_5 的 H 参数等于 Q_3、Q_4 中的较大值。

综上所述，输入的业务流经过分解、组装和合并等过程后，其自相似特性基本保持不变，且合并后业务量的 H 参数等于输入队列中 H 参数的最大值。另一方面，我们也应该认识到虽然汇聚过程不能改变业务流的长相关性，但是它可以改变业务流的短相关性，因此研究自相似业务量模型下的汇聚算法的性能仍然是十分必要的。

3.6　新型自适应汇聚策略 CBAAP

汇聚策略对输入的业务量具有一定的整形作用，对此已经有大量的文献进行了研究。但长度以及时间门限的选取是一件非常困难的事情，由于网络流量分布的突发性（自相似性），固定长度门限或者固定时间门限都是不适用的，即使是混合门限也存在问题。与以往的汇聚策略采用固定汇聚门限不同，本节给出的汇聚策略引入穿越计数器，通过测量网络业务流量，根据穿越计数器，动态选择合适的汇聚门限。比较前后两次选择的汇聚门限类型修正门限步长。

预先设定长度门限的最大值 L_H 和最小值 L_L，时间门限的最大值 T_H 和最小值 T_L，穿越计数上限值 $n_{\max}$，取长度门限的初始值为 $L=(L_H+L_L)/2$，时间门限的初始值为 $T=(T_H+T_L)/2$，取长度门限的改变步长为 $L_p=(L_H-L_L)/m$，时间门限的改变步长为 $T_p=(T_H-T_L)/m$，算法步骤如下：

1. T 有效状态

1）当一个分组到达边缘节点，计时器开始计时。

2）若汇聚时间到达汇聚门限值，或者汇聚时间小于汇聚门限值 T 但突发数据包长度到达长度门限 L，汇聚结束发送 T 突发包。

3）与上一次突发包汇聚的到达门限比较，若两次汇聚到达的门限相同，即均为汇聚时间到达汇聚门限值 T 或者均为突发数据包长度到达长度门限 L，穿越计数器值 n 加一个步长；若两次汇聚到达的门限不同，穿越计数器值 n 清零。

4）穿越计数值 n 与设定的上限值 $n_{\max}$ 比较，若 $n<n_{\max}$，保持当前的 T 和 L 值不变；若 $n\geqslant n_{\max}$，则 n 清零并判断：

① 若汇聚时间到达汇聚时间门限值 T，且 $T<T_H$，则将汇聚时间门限值设为 $T+T_p$。

② 若汇聚时间到达汇聚时间门限值 T，且 $T=T_H$，$L>L_L$，则将汇聚长度门限值设

为 $L - L_p$。

③ 若汇聚时间到达汇聚时间门限值 T，且 $T = T_H$，$L = L_L$，保持当前的 T 和 L 值不变。

④ 若突发数据包长度到达长度门限 L，且 $L < L_H$，则将汇聚长度门限值设为 $L + L_p$。

⑤ 若突发数据包长度到达长度门限 L，且 $L = L_H$，$T > T_L$，则将汇聚时间门限值设为 $T - T_p$。

⑥ 若突发数据包长度到达长度门限 L，且 $L = L_H$，$T = T_L$，则进入 T 无效状态。

5）计时器清零。

2. T 无效状态

1）当一个分组到达边缘节点，计时器开始计时。

2）突发数据包长度大于长度门限 L，汇聚结束发送突发包。

3）与上一次突发包汇聚完成时的情况进行比较，若两次汇聚到达长度门限 L 的时间均大于 T_L，则穿越计数器值 n 加一个步长；若不是，穿越计数器值 n 清零。

4）穿越计数值 n 与设定的上限值 n_{max} 比较，若 $n < n_{max}$，保持当前状态不变；若 $n \geq n_{max}$，则返回 T 有效状态，并令汇聚时间门限值 $T = T_L$。

5）计时器清零。

图3-8为新型的自适应汇聚策略流程图。总体说来，处于 T 无效状态时新策略相当于 FBL 策略，处于 T 有效状态时新策略则会根据输入业务流的情况自适应地调整门限值的设置。

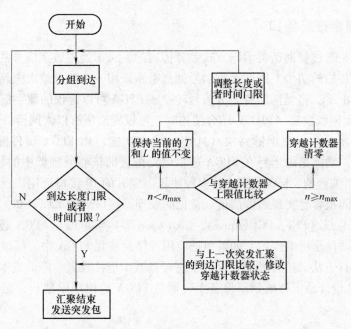

图3-8 新型的自适应汇聚策略流程图

与采用单一 BDP 长度或者汇聚时延作为自适应调整参数的思路不同，我们提出的 CBAAP 策略，采用比较前后两次选择的汇聚门限类型和穿越计数器作为自适应调节参数。优点是可以选择更适合当前网络流量的汇聚门限，并且可根据门限步长调整汇聚门限的值，以适应更具突发性的业务需求。

3.7　OBS-Ethernet 汇聚网卡的设计方案

考虑到 OBS 技术的实用化需求，本节以高性能 FPGA 芯片为平台，采用硬件描述语言实现 OBS 的以太网接入，提供一个低成本 OBS-Ethernet 汇聚网卡的设计方案。

3.7.1　方案概述

一种新型的 OBS-Ethernet 汇聚网卡整体框图如图 3-9 所示。

汇聚算法采用基于自适应时间门限的汇聚规则，即汇聚时间门限能够根据以太网的网络流量自动调节。同时，汇聚模块引入了 BDP 长度反馈信息，通过反馈信息与历史均值的比较来调整时间门限控制曲线，使得时间门限控制曲线适合当前的网络流量特征。具体实现分为四个部分：以太网物理层接口、发送模块、接收模块、MII 管理模块。

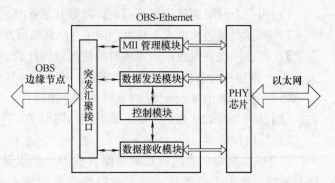

图 3-9　OBS-Ethernet 汇聚网卡整体框图

3.7.2　以太网物理层接口

以太网信号是通过曼彻斯特编码方式差分传输的，对于处理数字信号的 FPGA 来说，无法辨识这种差分传输的信号。因此接收信号处理电路采用一个差分放大电路，对于信号进行整形，同时提高电平，将曼彻斯特差分信号转换成 FPGA 可以辨识的数字信号输入。

FPGA 与以太网收发器（PHY）结合使用时，可以完成所有以太网接口的功能。PHY 和电路板中的物理层接口、数据链路层（MAC）硬件功能可由 FPGA 硬件配置程序来实现。上层（3 层以上）功能是由运行在 FPGA 逻辑电路配置的核心处理器中的软件实现的。FP-GA 逻辑电路是可编程的，I/O 引脚支持多种协议。现有的 IP 接口应用广泛，所以在应用处理器和 FPGA 之间很容易实现通信信道。常见的处理器接口（如 I^2C，SPI，其他一些本地并行总线）或系统总线（PCI，PCI Express，CAN open 等）都可以与 FPGA 通信。

由于 FPGA 硬件是可编程的，如果想把应用程序封装到 FPGA 中，可以采用含有多个微处理器的软核设计方法。这样做的好处在于它可以减少组件数量，降低成本和功率消耗。此外，完全基于 IP 设计易于移植到新设备上，而且 FPGA 的使用周期长，能保证设计方案的长效性。

3.7.3　发送模块

发送模块负责发送突发包，通过主机接口从突发汇聚接口获得要发送的突发包，同时获得突发包的起始和结束信号。OBS-Ethernet 汇聚网卡发送模块框图如图 3-10 所示。

1）状态机模块：完成发送模块的整体控制。

2）计数器模块：突发包发送中所有需要的计数器。

3）CRC 模块：产生 CRC 校验序列，并添加在发送包中。

4）流控模块：地址检测与发送和接收 pause 帧。

5）IP-MAC 地址表模块：装载有 IP-MAC 地址表。

6）ARP 模块：发送 ARP 请求帧，并接收返回的 ARP 应答帧。

当有数据需要发送时，则启动发送模块。数据加上 MAC 帧头及由 CRC 模块计算得到的 FCS4 字节，共同发送

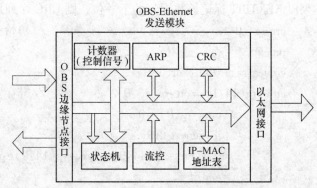

图 3-10　OBS-Ethernet 汇聚网卡发送模块框图

至 PCS 层。考虑到 CRC 计算结果要延迟一个时钟周期，因而需要发送的数据必须暂存一个时钟周期。PCS 层根据对物理层数据有效信号及有误信号的指示，在收到的 MAC 帧上加上 PCS 层的头尾信号，并给 K 字符指示。下面对各个模块作进一步的介绍。

1. 状态机模块

1）首先进入系统复位状态，上层协议通过主机接口发送数据传输请求信号，并同时提供需要传输的第一个数据，系统进入添加报头状态。

2）进入添加报头状态，开始添加报头，同时通知 PCS 层的状态机传输即将开始。在报头和帧起始分隔符传输完成之后，系统进入下一个状态，即设置开始信号通知主机提供下一个要传输的数据。在完成数据传送之后，系统等待主机接口发送结束请求信号以中止数据传输。

3）如果发送数据的大小大于帧数据格式要求的最小值，并且设置产生 CRC 校验序列。系统将进入产生校验序列状态，产生 CRC 校验序列。然后，进入延迟状态，产生一定时钟周期的延迟。接下来，进入帧间隔状态，产生需要的帧间隔时间。最后，返回到系统复位状态。

4）如果发送数据的大小小于帧数据格式要求的最小值，并且所设置的数据长度满足帧数据格式的最小值要求，那么系统将补充 ‘0’ 直到满足帧数据格式的数据长度要求。然后，系统进入 CRC 校验序列状态。随后，系统进入延迟状态。接下来，系统进入帧间隔状态。最后，系统返回到复位状态。

5）如果发送数据的大小小于帧格式要求的最小值，并且设置不产生 CRC 校验序列，那么系统将进入延迟状态，并反馈报错信息。

2. CRC 校验

检测数据传输错误的方法很多，其中最常用的一种方法是 CRC 校验。CRC 序列由循环冗余校验码求得的帧检查序列组成。为实现 CRC 计算，被除的多项式系数由包括帧起始、仲裁字段、数据字段在内的无填充位数据流给出，其 15 个最低位的系数为 0。此多项式被发生器产生的下列多项式除（系数为模 2 运算）：

$$X^{15} + X^{14} + X^{10} + X^8 + X^7 + X^4 + X^3 + 1$$

得到的余数即为发向总线的 CRC 序列。为完成此运算，可以使用一个 15 位的移位寄存器 CRC-RG（14：0）。被除多项式位数据流由帧起始到数据字段结束的无填充序列给定。如

果以 NEXTBIT 标记该数据流的下一位，则 CRC 序列可以用如下的方式求得：

　　crc-rg = 0　　　　　　　　　　　　　　　　　//初始化移位寄存器

　　repeat

　　crcnext = nextbit exor(14)；

　　crc − rg(14:1) = crc-rg(13:0)；　　　　　　//寄存器左移一位

　　　　　　crc − rg(0) = 0；

　　　　　　if crcnext then

　　　　　　　　crc − rg(14:0) = crc − rg(14:0)exor(4599H)

　　　　　　end if

　　until(CRC 序列开始或者出现一个出错状态)

3. ARP 帧处理

1）如果需发送的数据包地址不在 IP–MAC 地址表中，那么，在收到 IP 层发出的 ARP 请求信号后，根据上层传来的 IP 地址发出 ARP 请求帧。

2）在收到对本端口的 ARP 请求信号后，模块发送 ARP 应答帧。

4. 流控处理

当 IP 层发出发送 pause 帧的请求信号时，发送 pause 帧。其中，计数器的大小由接收缓存的规定刻度（地址）来对应。另外，当一次计数完成后，如果流控状态没有改善，计数器则应调整为比上次大的刻度数，依此类推。当缓存有足够空间时，允许发计数值为 0 的 pause 帧。当本端口收到 pause 帧信号时，表明接收到 pause 帧，则停止发送（如正在发送，则等到此帧发送完再停止）。

3.7.4　接收模块

OBS-Ethernet 接收模块框图如图 3-11 所示。

1）状态机模块：完成数据接收的整体控制。

2）计数器模块：数据接收中所需要的全部计数器。

3）流控模块：地址检测与发送和接收 pause 帧。

4）RAM 模块：数据接收中所需要的全部 RAM。

5）CRC 模块：根据接收到的数据产生 CRC 校验序列，并与接收到的 CRC 校验数据比较，从而确定数据是否被破坏。

6）IP-MAC 地址表模块：装载有 IP-MAC 地址表。

PCS 层由首尾信号产生数据有效信号，并把拆下来的 MAC 帧送到 MAC 层。如果 MAC 层中当前导码、SFD、地址检测、CRC 校验都正确且没有收到 pause 帧，则产生数据接收正确的信号，并通知上层可以读走数据。下面对各个模块作进一步的介绍。

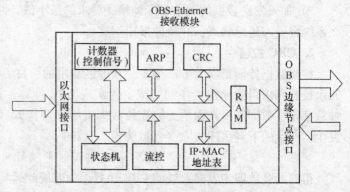

图 3-11　OBS-Ethernet 接收模块框图

1. 状态机模块

数据的接收与发送是相反的过程：首先去除报头，然后去除帧起始分隔符，随后接收数据，最后进行 CRC 校验判断数据在传输过程中是否出错。接收模块状态机的流程与发送模块状态机的流程相反，这里不再赘述。

2. MAC 地址表的更新

接收到 ARP 应答帧（地址以及相关检测都正确，如类型、操作码等），然后根据已有的 IP-MAC 地址表决定是否更新。如果接收到 ARP 请求帧，则检测它是否匹配本端口的 IP 地址。如果匹配成立，则产生本端口的 ARP 应答信号。反之不处理。

3. 地址检测

检测本地 MAC 地址、pause 帧地址以及广播地址。可使用 8 位地址比较器完成地址检测。

4. CRC 校验

根据接收到的数据帧产生 CRC 校验码，并与数据帧自身的校验码相比较。两者一致，则说明数据帧传输正确；两者不一致，则说明数据帧传输错误。产生 CRC 校验码的方式与发送模块中方式一致，完成数据 CRC 校验的主要代码如下：

```
assign crc_next = data^crc[14];
assign crc_temp = [crc[13:0]];
always@(posedge clk)
begin
    if(initialize)
        crc < = #Tp 0;
    else if(crc_next)
        crc < = #Tp crc_temp^15'h4599;
    else
        crc < = #Tp crc_temp;
end
    end
```

5. pause 帧的处理

若地址检测为 pause 帧，且 pause 帧的相关检测（如类型、操作码、CRC 等）均正确，则产生接收到的 pause 帧正确信号，并开始计数。同时，如果有下一个 pause 帧来到，则更新计数器的值。计数值为 0，则停止接收 pause 帧。

3.7.5　MII 管理模块

MII（媒体无关接口模块）提供一个连接到外部以太网 PHY 控制器的接口，用来设置 PHY 控制器的寄存器并获得其状态信息。MII 管理模块框图如图 3-12 所示。

1）时钟产生模块：产生 MII 接口的时钟信号，这个时钟信号需要满足外部 PHY 芯片对时钟的要求。

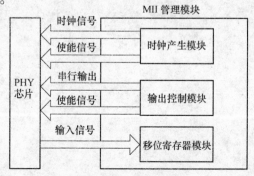

图 3-12　MII 管理模块框图

2）输出控制模块：MII 连接到外部 PHY 的数据线实际上只有一根线，输出控制模块需要将输出、输入和使能信号联合形成一个信号。

3）移位寄存器模块：将需要传输到外部 PHY 芯片的数据串行化，同时将从外部 PHY 芯片接收的串行数据保存到寄存器中。

4）控制逻辑：实现读、写和查找等请求信号的同步，提供输入数据的锁存信号，提供移位输出数据的字节选择信号，提供 MII 的计数器，提供更新相关寄存器的信号。

3.8 本章小结

本章介绍了几种常见的边缘节点汇聚技术，并给出了一种自适应汇聚算法的例子。同时，理论论证了汇聚算法对自相似业务的影响。实际网络中的突发业务流具有自相似特性，因此有必要研究自相似情况下的汇聚算法。光突发交换网中边缘节点的汇聚技术是关键技术之一。本章还介绍了 OBS-Ethernet 汇聚网卡设计方案。该方案的器件成本低，设计技术相对成熟，符合产业化要求，在 OBS 网络的实用化过程中具有较好的应用前景。

第4章　光突发交换网的信令技术

光突发交换技术区别于其他类型交换方式的最大特点，就是为了单向预留资源，一个帧的数据部分（BDP）和控制部分（BCP）在时空上的分离。BCP在空间上使用一个独立的波长信道进行传输，而在时间上又在BDP被传输之前就被发送。光突发交换技术能够成功实现单向预留资源的关键就在于先发送的BCP在所经过的节点上能够正确地为后面到来的BDP预留资源（也就是设置好光交换矩阵），使BDP能够在途经的节点不需光电转换、透明地经过。因此一个好的资源预留机制或者说控制协议对于OBS的性能有着至关重要的作用。近年来，国内外研究人员对OBS网络资源预留协议进行了较广泛的研究，提出了一些各具特色的资源预留协议，比如JET（Just-Enough-Time）协议和JIT（Just-In-Time）协议等。

4.1　资源预留方式及分类

4.1.1　资源预留方式

1）按照预留的方向性可以分为TAG（Tell And Go）和TAW（Tell And Wait）。TAG是单向的，源节点发送消息要求为突发包建立路由，随后启动突发包的发送。突发包送出后，再发送释放资源的控制信令释放资源。TAG协议中最具代表性的是JIT协议。而TAW是双向预留协议，源节点先发送BCP，沿途经过各个节点，只有当所有的节点能满足这个请求时，源节点才能收到成功的应答信号，发送BDP，否则突发被拒绝接入，源节点只得再请求再发送。

2）按照占用信道的建立和释放方式分：显式建立和显式释放；显示建立和估计释放；估计建立和显式释放；估计建立和估计释放。

① 显式建立和显式释放（explicit setup and explicit release）：交换节点收到Setup消息后，立即对交换模块进行配置，包括对交换矩阵的配置及对输出波长的预留，这一配置直到收到Release消息时才释放。

② 显式建立和估计释放（explicit setup and estimated release）：Setup消息本身携带数据突发包的持续时间信息。与①不同的是，这里交换节点不需要Release消息来标志数据突发的结束。数据突发的结束根据Setup消息的到达时刻和数据突发的持续时间信息来估计。

③ 估计建立和显式释放（estimated setup and explicit release）：与上面的协议②恰好相反，Setup消息本身携带数据突发包的到达时刻信息，而数据突发的结束用Release消息来标志。

④ 估计建立和估计释放（estimated setup and estimated release）：数据突发的到达和结束时刻均依据Setup消息本身携带的信息确定。

3）按照拆除通信连接时机的机制分为IBT（In Band Terminator）、TAG和RFD（Reserve Fixed Duration）。在IBT协议中，控制包中不包含突发包的长度信息。只是在突发包的末尾添加了一个突发包结束的IBT标识符，在传送过程中，链路中的核心节点如果检测到该标识符，表明突发包已经传送到了下一跳节点，本地节点可以释放资源。因此该协议最大的技术挑战是 IBT 标识符的全光检测技术，这就加大了实现的难度，阻碍了 IBT 协议的发展。在 RFD 协议中，控制包中包含有突发包的长度信息，因此可以根据突发包的长度来分配资源，其优点是无信令开销、易实现带宽资源的动态分配、资源利用率高；缺点是对核心节点的处理能力要求较高，设备的实现要相对复杂一些。JET 协议是一种典型的 RFD 协议。

BCP 在核心节点进行资源预留主要分为两个部分：资源的预留和资源的释放。由于 BDP 在经过各个节点时完全处于光域的状态，无法得知何时开始或者结束，因此需要通过提前发送的 BCP 来通知各个节点 BDP 何时到达和结束。从而资源的预留和释放主要可以通过两种方式来实现：一是通过不同种类的 BCP 信令来显式地通知核心节点何时预留或者释放资源；二是通过信令中携带的相关信息来估算资源预留或释放的时间。

图 4-1 为显式预留/释放资源的方式。如图所示，BCP 可以分为两种类型的信令：Setup 和 Release。当由边缘节点 1 发送的 Setup 信令到达核心节点 1，经过必要的处理时延后核心节点从 Setup 中获得了相关信息，随即便对请求的资源进行预留。被请求的资源将会被一直占用直到被释放，而无法被其他请求所使用。当边缘节点 1 处的 BDP 发送完毕后，紧跟着发送一个 Release 信令，通知核心节点释放资源。核心节点在接收到 Release 信令后就会对相关资源进行释放。

图 4-2 是估算预留/释放资源的方式。由于显式预留/释放资源的方式把 Setup 和 Release 的到达时间作为一个时间点来判断何时进行资源预留，本身是非常不精确的。估算预留/释放资源的方式通过在 Setup 信令中携带偏置时间和 BDP 持续时间（长度）两个参数来估算出 BDP 实际到达和离开的时间。在核心节点 1 处，假设 Setup 到达的时间为 t_1，Setup 信令中携带的偏置时间为 T_{in}，BDP 的持续时间为 T_{bdp}，那么就可以计算出 BDP 的到达时间 t_s 为

$$t_s = t_1 + T_{in} \tag{4-1}$$

BDP 的离开时间 t_e 为

$$t_e = t_1 + T_{in} + T_{bdp} = t_s + T_{bdp} \tag{4-2}$$

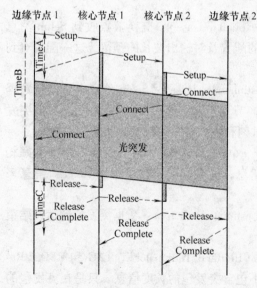

图 4-1　显式预留/释放资源的方式

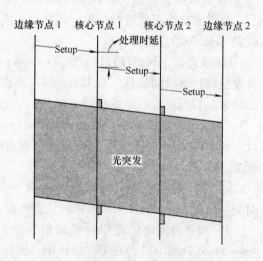

图 4-2　估算预留/释放资源的方式

和显式预留/释放资源的方式中核心节点接收到 Setup 或者 Release 信令后单纯地把它们转发到下一个核心节点不同的是，在估算预留/释放资源的方式中由于 BCP 处理时延的存在，核心节点必须更新偏置时间后再把 Setup 信令转发到下一个节点。假设更新前从上一个节点接收到的 Setup 中携带的偏置时间为 T_{in}，BCP 在核心节点中的处理时间为 δ，更新后转发到下一个节点的 Setup 中携带的偏置时间 T_{out} 为

$$T_{out} = T_{in} - \delta \tag{4-3}$$

在这四种类型的方式中，采用显式的方式预留/释放资源的资源利用率最低，因为它把接收到信令的时间判断为 BDP 到达或者离开的时间；而采用估算的方式预留/释放资源则通过信令中携带的额外信息计算出 BDP 到达或者离开的时间，能够获得较高的资源利用率。相反，由于显式预留/估计释放资源方式在核心节点处几乎不需要进行任何运算，对各个节点的运算能力要求很低，从而降低了复杂度；而估计预留/显式释放资源方式一方面需要一个好的估算算法，另一方面对核心节点的运算能力也有一定要求，复杂程度相对提升。

4.1.2　典型资源预留协议

根据资源预留方式来区分，资源预留协议可分为两大类：单向预留和双向预留。TAG、JIT、Enhanced Just-In-Time（E-JIT）、JumpStart、JIT$^+$、JET 和 Horizon 是典型的单向预留协议。典型的双向预留协议有 TAW 和 Wavelength Routed OBS network（WR-OBS）。

JIT、E-JIT 和 JIT$^+$ 属于立即波长预留，JET 和 Horizon 属于延时预留机制，而 JumpStart 协议介于立即波长预留和延时预留机制之间。下面简单介绍 E-JIT、JIT$^+$、JumpStart 和 Horizon 协议。

1. E-JIT

E-JIT 保持了 JIT 协议简单易实现优点的同时，提高并优化了 JIT 协议，优化了数据信道的调度，提高了信道利用率并降低了丢包率。E-JIT 采用带外信令和显示释放来释放交换结构的资源。建立消息的信息有突发包长度和突发偏置长度，允许每个节点去预测最新的资源情况，这样不用再分配每一个突发传输。在 E-JIT 协议下，在相应的设置信息建立后立即为突发包预留输出数据信道，假设数据信道空闲或者数据信道已预留，但最后被交换的突发包的结束时间小于 T_{setup}，如果数据信道不能被预留，则丢弃对应的突发包。

2. JIT$^+$

JIT$^+$ 是 JIT 协议的改进版，加入了有限突发调度（每个信道至多两个突发）。在 JIT$^+$ 协议下，输出信道仅在以下两种情况为突发包预留信道：①突发包的到达时间晚于数据信道的 Horizon 时间；②数据信道至少有另外一个预留。

3. JumpStart

JumpStart 的提出是为了定义一个信令协议和构建与之相关的波分复用（WDM）突发交换网络。在 JumpStart 协议下，光突发交换网边缘节点首先向 OBS 核心入口节点发送建立请求信息，包括源、目的地址等。如果核心入口节点可以对突发包进行交换，它将向边缘节点发送 ACK 建立消息，并且将建立消息发送到下一节点。否则核心入口节点拒绝建立请求并对边缘节点发送拒绝请求，丢弃与之对应的突发包。在此种情况下，边缘节点进入等待下一突发包的空闲时期。当新的突发请求到了，边缘节点将重复此过程。

4. Horizon

Horizon 是一种延时的资源预留协议。Horizon 协议提出了一种给定信道时间范围（Time Horizon）的概念，被称之为"Horizon"是因为每一个被预留的数据信道都有一个时间范围。时间范围的定义为早期预知未使用的信道或波长。这个概念也被另外的单向预留协议所应用，如 JET 和 JIT$^+$。在 Horizon 协议中，输出信道仅在突发请求到达晚于时间范围的情况下为突发进行预留。假如信道的时间范围晚于突发的预期时间，则拒绝建立消息并丢弃对应的突发包。

4.2　JIT 控制协议的基本原理

JIT（Just-In-Time）采用显式预留/释放资源的方式，是一种"尽力而为（Best Effort）"的控制协议。它综合了光路交换和光分组交换的优点，采用带外信令控制方式，不仅克服了核心节点对光存储媒质的需求，而且减小了通信路径的建立时间，相对提高了系统带宽的利用率。

在 JIT 协议中，定义了以下五种信令类型：

1）Setup：向下一个节点请求预留资源。

2）Setup Ack：OBS 网络向边缘节点建立请求的确认消息。

3）Connect：整条路径上的资源成功预留的确认消息。

4）Release：向下一个节点请求释放资源。

5）Release Complete：资源释放的确认消息。

图 4-3 为 JIT 协议的具体工作原理。边缘节点 1 在封装完一个 BDP 之后首先向相邻的核心节点 1 发送一个 Setup 信令，请求预留资源。核心节点 1 在 BCP 信道经光电转换识别出 Setup 后发回一个 Setup Ack 表示确认，并且继续向下一个核心节点 2 转发 Setup 信令，核心节点 2 继续转发 Setup，直到 Setup 到达目的节点。同时各个核心节点在接收到 Setup 信令时就作为资源开始预留的标志，立即为相应的 BDP 配置好交叉连接，此后这个波长信道就一直被占用直到信道被通知释放。边缘节点 1 在发出 Setup 的一段偏置时间之后发出 BDP，由于在此之前 BDP 需要路由的节点已由 BCP 的 Setup 信令通知配置好了交叉连接，因此 BDP 能够透明地在各个核心节点传输直接到达到目的节点，即边缘节点 2。目的节点在收到 Setup 信令后向源节点发送一个 Connect 信令，表示整条路由路径上的资源已经被预留成功。与光路交换不同的是在源节点收到此 Connect 信令并不是发送 BDP 的依据，一般在 Connect 信令到达之前 BDP 就已经被发送，这也是 OBS 单向预留资源技术的特点。最后 BDP 发送完毕，边缘节点 1 发出 Release 信令通知核心节点释放资源，

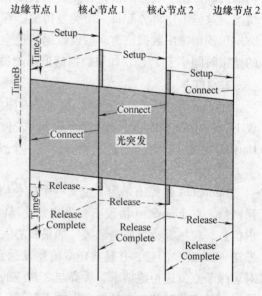

图 4-3　JIT 协议具体工作流程

每个节点接收到 Release 信令后向前一个节点发送 Release Complete 信令表示释放成功。

在请求预留资源的过程中，源节点（边缘节点 1）需要对两个信令 Setup Ack 和 Connect 进行确认，分别表示 OBS 网络接受资源预留的请求和整条路径上的资源已预留完毕。为了确保突发交换在特定时间内完成，同时解决一些网络中不可预知的问题（如因信令丢失等引起的长时间等待），有必要在边缘节点为这两个信令设置两个定时器。其中，TimeA 为等待 Setup Ack 信令的最长时间，超过这个时间边缘节点就认为 OBS 网络没有接受这次请求，本次 BDP 传输失败；TimeB 为等待 Connect 信令的最长时间，超过这个时间边缘节点就认为整条通信路径没有成功建立，同样本次 BDP 也传输失败。在对资源进行释放时，除目的节点外所有节点都需要对 Release Complete 信令进行确定，以表示资源释放成功。因此需要在所有节点中设置一个定时器 TimeC，作为确认 Release Complete 的最大时限。若定时器超时即表明资源没有释放成功，各节点就需要做额外的工作防止资源被"吊死"。

虽然相对于估算预留/释放资源的方式，JIT 控制协议的资源利用率低，信令开销也较大，但优势在于复杂度低、易实现，同时在性能上也能满足一定要求，所以也有许多硬件实验平台中采用此协议。不过光从边缘节点的角度来看，JIT 控制协议需要处理五种信令类型，还要为三种确认信令定时，相对于估算预留/释放资源方式只需处理一种信令类型，且无定时器的结构要复杂得多。

4.3　JIT 控制协议的实现过程

4.3.1　JIT 控制协议总体设计

图 4-4 为基于 JIT 的控制模块系统框架图。在控制模块内部也继续采用模块化的设计思路，主要可以分为 TPM、Bus_ctrl、BDP_sender、BCP_sender、BCP_receiver 等模块。控制模块的主要功能是对调度模块（SM）和路由模块（RT）发来的请求做出处理，按照时间要求发送 BDP 和不同类型的 BCP，并且对一些确认类型的 BCP 进行定时。

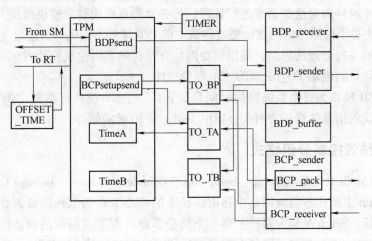

图 4-4　基于 JIT 的控制模块系统框架图

TPM（Time Process Machine）模块是控制模块中的一个核心部分，它处理系统内部产生的各种时间事件，指挥 BDP、BCP 在何时发送。TPM 直接接受来自调度模块和路由模块的信息，以确定 BDP、BCP 的具体发送时间。TPM 内部有四个并行运行的模块 BDPsend、BCPsetupsend、TimeA 和 TimeB，分别处理 BDP、BCP 发送和两个定时器产生的时间事件。BDPsend 模块从调度模块接收到信息确定 BDP 的发送时间，并向路由模块发送请求，然后在指定时间发出发送 BDP 的请求；路由模块在接收到刚才的请求后会向 BCPsetupsend 发送相关的信息使其确定偏置时间，BCPsetupsend 随后向 BDPsend 请求获得相关信息用来确定 Setup 信令确切的发送时间，并在到达该时间时发出发送 Setup 信令的请求；TimeA 模块用于对 Connect 信令进行定时，以防止一些意料之外的状况，当 Setup 信令被发送时定时开始，超过最大时限时定时结束，当接收到 Connect 信令时中断定时；TimeB 模块则用于对 Release Complete 信令进行定时。

BDP_sender 为 BDP 的发送模块，当此模块接收到来自 TPM 发送 BDP 的请求时就根据相关信息把 BDP 经过并串转换后发往光学模块，传送到 OBS 网络中。当 BDP 发送完毕时，BDP_sender 模块必须负责发出发送 Release 信令的请求以及通知 TimeB 开始定时。

BCP_sender 为 BCP 的发送模块，由于 JIT 协议中有多种类型的 BCP，BCP_sender 接收到各种信令发送请求后，必须通过内部的 BCP_pack 模块对各种类型的 BCP 打包成帧，然后再经过并串转换后发往光学模块。由于 BCP 分组内容的特殊性（长度较短、所有信息都保存在控制模块内），打包过程完全能够实时处理而没有延迟，因此并不需要向 BDP 那样事先打包存入缓存后再进行发送，这样的设计也有效地节省了缓存资源。

BCP_receiver 为 BCP 的接收模块，当接收到 Setup 和 release 信令时，必须向 BCP_sender 模块发出发送 Connect 和 Release Complete 信令的请求；当接收到 Connect 和 Release Complete 信令时，必须向 TimeA 和 TimeB 发送中断定时的请求。

Bus_ctrl 模块为控制模块内的总线处理模块。从图 4-4 中的系统框图可以看出存在着多个从模块向一个主模块发出请求的情况，比如 BCP_pack 需为四种类型的 BCP 打包，因此必须接受来自 BCPsetupsend、BDP_sender 以及 BCP_receiver 的请求。假设所有从模块的请求信号在同一个时钟内发出，一方面触发器无法同时对两个以上的信号进行触发，另一方面如果主模块在同一个时钟内对这些请求进行处理，势必会严重影响整个模块的最大运行时钟。因此 Bus_ctrl 模块必须按照一定的规律把这些请求信号安排到不同的时钟上让主模块能够分别处理。同样按照并行处理的思路，根据模块内独立存在的不同主从模块对，在 Bus_ctrl 内设置了三个独立运行的模块 TO_BP、TO_TA 和 TO_TB。

此外 TIMER 模块为整个系统提供时间参数，是一个 16 位的计数器；OFFSET_TIME 模块根据路由模块的信息计算偏置时间；BDP_buffer 是 BDP 的缓存。

4.3.2　JIT 协议控制分组格式

JIT 协议中的 BCP 主要有 Setup、Setup Ack、Connect、Release、Release Complete 五种类型的信令。Setup 主要任务是向网络中路由路径上的核心节点请求预留资源，因此必须包含信道资源的波长；Setup Ack 为路径上第一个核心节点向源节点返回的确认信令，表示 OBS 网络接受请求；Connect 是整条路径上的资源预留完毕的确认信令；Release 用于向下一个节点通知释放已预留的资源；Release Complete 则为释放资源成功的确认信令。在本节设计中考虑到信令的实用性和复杂度，放弃了 Setup Ack 信令只保留 Setup、Connect、Release 和 Release Complete 四种信令。

表 4-1 ~ 表 4-4 分别为 Setup、Connect、Release 和 Release Complete 信令每个字段的定义。分组头表示信令内容的开始，固定为 10101011，当接收模块判断出这个字节时即表示接收到一个信令。协议类型用于区分网络中的不同的通信协议，比如路由协议等，JIT 控制协议被设定为 0001。信令类型则用于区分不同类型的信令，Setup 为 0000，Connect 为 0001，Release 为 0010，Release Complete 为 0011。参考标识符是为了保证每个 BCP 在传输过程中的唯一性以及识别出与之对应的 BDP。请求波长这个字段为 Setup 信令特有的字段，表示向核心节点请求信道资源的波长。JIT 协议的信令类型虽然多，但每个信令一般只携带一种信息，长度不是很大，因此 CRC 校验位被设置为 8bit。另外在分组开头可以加入一些保护时间以保证 BCP 能够正确接收。

表 4-1　Setup 分组格式

内　容	长度/bit
分组头	8
协议类型	4
信令类型	4
参考标识符	8
源地址	8
目的地址	8
请求波长	8
CRC 校验	8

表 4-2　Connect 分组格式

内　容	长度/bit
分组头	8
协议类型	4
信令类型	4
参考标识符	8
源地址	8
目的地址	8
CRC 校验	8

表 4-3　Release 分组格式

内　容	长度/bit
分组头	8
协议类型	4
信令类型	4
参考标识符	8
源地址	8
目的地址	8
CRC 校验	8

表 4-4　Release Complete 分组格式

内　容	长度/bit
分组头	8
协议类型	4
信令类型	4
参考标识符	8
源地址	8
目的地址	8
CRC 校验	8

由于取消了 Setup Ack 信令，就不需要一个定时器为此信令判断是否超时。本节中设定 TimeA 为 Connect 信令定时，TimeB 为 Release Complete 信令定时。参考标识符（Call reference）在整个系统中必须能够识别不同的 BDP 以及与之相对应的 BCP，因此需要对每个 BDP 和 BCP 设置一个参考标识符。参考标识符设计的唯一要求就是要保证在系统和网络中此标识符的唯一性，能够以此辨别出不同的 BDP 和 BCP。

按照唯一性的思路，由于每个分组内已经有发送者的地址，在网络传输中已经能够辨别不同节点发送的分组，因此参考标识符只需能够辨别同一个节点发出的分组即可。一个节点可能有多个端口，每个端口都能够独立处理数据，参考标识符必须能够辨别一个端口中的不同分组，因此为一个端口中的每个分组设置一个序列号。此外可能存在某个节点同时接收到来自同一个节点却不同的端口的、两个相同序列号的分组，所以还必须为节点中的每一个端口设置序列号。参考标识符包括两个部分：一是端口的序列号，二是端口中分组的序列号。结合参考标识符和分组中的源节点信息，就可以在系统中分辨出不同的 BDP 或者 BCP。

在本节的控制模块设计中参考标识符被设定为 8bit，前 4 个 bit 为端口标识符，用于识别不同的端口，后 4 个 bit 为分组标识符，用于识别同一个端口中不同的分组。例如 00110001 表示三号端口中的一号分组。8bit 的标识符能够表示 16 个端口和 16 个分组，每个节点可以同时处理 256 个不同的分组。这样即保证了参考标识符的唯一性，也降低了参考标识符的复杂度。

偏置时间指 BDP 和与之对应的 BCP（Setup）被发送的时间差，这也是光突发交换单项预留机制的基础。BCP 提前于 BDP 发送是为了在 BDP 需要路由的路径上预留好资源，形成一条光通道，使 BDP 能够在网络中各个节点透明和无延迟地传输。BCP 在经过各个核心节点时必须经过光电转换，处理完毕后再经过电光转换后转发到下一个节点，这需要一段处理时间，此外配置好光交叉连接器本身也需要一段时间。假设 BCP 和 BDP 同时发送，两者到达核心节点时，由于需要时间处理 BCP 而无法立即为 BDP 预留资源，因此必须合理设置偏置时间，使 BDP 到达每个节点时 BCP 都事先到达且已经为其预留好了资源。

本节设计中偏置时间的算法被尽量简化，只需满足基本要求即可。由于 BCP 在网络中传输的速度为光速，在整个网络中的传输时间一般远小于节点中的处理时间，因此传输时间忽略不计。假设 BCP 在核心节点的处理时间为 δ，从路由模块得知需要经过的核心节点数目为 n，则偏置时间 T_{offset} 为

$$T_{offset} = \delta * n \tag{4-4}$$

4.3.3 JIT 协议子模块设计

1. 突发数据包（BDP）缓存

当汇聚模块组装完一个 BDP 之后系统并不会马上将之发送出去，而要等待一段偏置时间之后才发送，因此在系统内必须为 BDP 设置一个缓存来暂时保存 BDP 中的数据。由于光突发交换的特殊性，首先组装完成的 BDP 并不一定会第一个被发送，因此也不能简单将 BDP 缓存进一个先入先出的 FIFO 队列，而必须能够在任何时候都可以读出所需要的 BDP。

不同端口中的 BDP 需要独立处理，所以不同端口之间 BDP 缓存也是彼此独立的。如图 4-5 所示，每个端口都有各自独立的 BDP 缓存。在一个端口中，缓存采用 RAM 来实现，可以实现任意时间读取所需要的数据。此外 OBS 交换的是一个中等粒度的分组，BDP 发送时间较长。两个需要在同一时刻发送且使用不同波长信道的 BDP 不可能依次发送，这样会造成第二个被发送的 BDP 有较大时延。这也使得必须为每个波长信道的 BDP 设置独立的 RAM，以保证彼此之间不受发送时间的影响。单个 RAM 内部的存储结构被划分为几个固定长度的区域，以 BDP 自身的参考标识符为序号。假设已知 BDP 的最大长度为 Length_{max}，那么要发送参考标识符为 n 的 BDP 时，此 BDP 在 RAM 内部的首地址 Address 为

$$\text{Address} = n * \text{Length}_{max} \tag{4-5}$$

这种设计方案主要有两个缺陷：第一，当采用 FPGA 外部的高速 RAM 时肯定会引起引脚资源的不足，可以通过使用时分复用的方法为每一个 RAM 设定一个时隙共享引脚来解决，但又会加大控制电路的复杂程度；第二，在一个端口中不同波长信道的 BDP 使用的参考标识符是共通的，也就造成一个端口虽然只需同时处理 16 个 BDP，但必须在每个波长信道上的 RAM 中为这 16 个 BDP 预留缓存空间，极大浪费了 RAM 资源，需要进一步改进，研究新的方案来增加 RAM 资源的利用率。

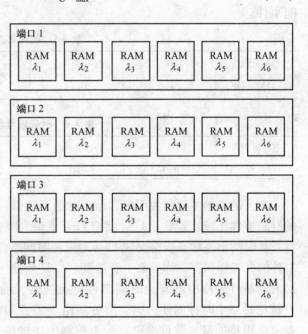

图 4-5　BDP 缓存结构示意图

2. TPM 模块

边缘节点中控制模块需要解决的一个关键问题就是时间。BCP 必须提前一段时间先于 BDP 发送，特别在 JIT 协议中还必须为确认类型的信令进行定时。一般的思路是采用时间段的方法，即当 BCP 发送后，开始使用一个计数器定时，当到达偏置时间时，发送对应的 BDP。这种方法的缺陷主要有：第一，需要使用多个计数器同时计数，消耗的资源偏多；第二，当开始定时需要选择使用一个空闲状态的计数器，会增加电路的复杂程度；第三，需要通过有效方法来配置计数器的数目，以保证计数器的使用率避免资源浪费。

本节设计中采用时刻的概念，把 BCP 发送时间、BDP 发送时间、定时器的开始、结束以及中断等理解为一个时间事件，当到达这个时间时即触发相应的动作。例如假设 BCP 需要在 T_a 时刻发送，当系统内的时间达到或者超过 T_a 时，系统就执行发送 BCP 的动作。这样的设计避免了采用计时器方案的数目设定和选择问题，把 BCP、BDP 的发送问题和两个定时器 TimeA 和 TimeB 一般化，并能够同时适应 JIT 协议和 JET 协议的要求。

TPM（Time Process Machine）模块就是用来处理各种时间事件的模块，产生的动作就是向其他模块发出相应的请求。系统的时间则由 TIMER 模块提供。如图 4-4 所示，TPM 模块内把 BDP 发送、BCP（在 JIT 协议中为 Setup 信令）发送以及 TimeA 和 TimeB 两个定时器产生的时间事件使用独立的模块并行处理以增加吞吐量。这些模块分别为 BDPsend、BCPsetupsend、TimeA 和 TimeB。

无论是 TPM 中的哪个模块，首先需要做的就是从其他模块获得时间事件，并把它们保存在一张表格中，见表 4-5。表内的序号为参考标识符，对应的时间事件为事件发生的时间。假设此表格在 BDPsend 模块内，0/Time0 就表示参考标识符为 0 的 BDP 发送时间为 Time0。此外还必须有一张表格存放对应事件是否已经发生过的信息，见表 4-6。每经过一个系统时间时，系统不可能对时间事件表格轮询一遍来检查是否有事件发生，这将会引起极大的时延。因此在模块内必须维护一个参考标识符（First）来记录最早发生的时间事件。

表 4-5　时间事件表格

参考标识符	0	1	2	3	…
时间事件	Time0	Time1	Time2	Time3	…

表 4-6　时间事件状态表格

参考标识符	0	1	2	3	…
事件是否发生	0or1	0or1	0or1	0or1	…

First 的维护主要分为两个方面：一是当获得一个时间事件时，必须与已有的 First 对应的时间事件比较，若早于 First 就把 First 更新为刚获得时间事件的参考标识符，此外如果通过查找时间事件状态表格发现 First 对应的时间事件已经发生，则把 First 更新为刚获得时间事件的参考标识符，称为第一类更新；二是当发生一个时间事件后 First 失效，就需要重新对时间事件表格中已有的时间事件进行搜索，确定新的 First，称为第二类更新。第一类更新花费一个时钟周期，第二类更新由于需要对整张表格进行搜索，因此花费的时间由参考标识符的最大数目决定。一个控制模块能够处理的分组数目为 16，因此第二类更新需要花费 16 个时钟周期。在重新搜索的过程中，模块无法进行其他工作，这将会造成时延。假设系统运行在 100MHz，最大的时延为 16 个时钟周期即 160ns，而 BDP 一般的持续长度为 ms 级、BCP 在核心节点的处理时间也在 50μs 左右，因此 160ns 的时延所造成的影响非常有限。

3. BDPsend 模块

BDPsend 模块用于处理发送 BDP 产生的时间事件。表 4-7 为 BCPsetupsend 模块状态转移图。

表 4-7　BDPsend 内的寄存器

寄存器名称	寄存器描述
Reg［15：0］BDPtimeEventTable［15：0］	时间事件表格
Reg BDPtimeEventFlag［15：0］	时间事件状态表格
Reg［3：0］BDPfirst	需要维护的 First
Reg［15：0］BDPlengthTable［15：0］	存放每个 BDP 的长度信息
Reg［7：0］BDPlamdaTable	存放每个 BDP 使用的波长信息

　　BDPsend 模块完全使用有限状态机来实现所有的功能，BDPsend 的状态转移图如图 4-6
所示。由于方案设计时把功能分散到几个独立的模
块中，采用并行处理的方式，可以看到状态数目非
常少，有利于减少整个系统的时延，增加系统的吞
吐量。在五个状态中每个状态并不一定只完成一项
工作，由于有些工作之间不存在阻塞关系，就把它
们放在一个状态内完成，对整个系统的最大时钟频
率并不产生影响，同时也可以减少状态数。

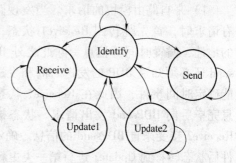

图 4-6　BDPsend 模块状态转移图

　　当系统被复位后进入 Identify 状态。Identify 状
态需要对三种类型的请求进行判断，优先级由高
至低。

　　1）来自调度模块的请求。当发现有调度模块请求时，状态被转移到 Receive。Receive
状态主要用于保存来自调度模块的信息，包括 BDP 的长度、发送时间以及发送波长等。同
时向路由模块发出请求，让路由模块向 BCPsetupsend 模块传送相关信息，这样能够保证
BCPsetupsend 向 BDPsend 请求获得 BDP 发送时间等参数时，BDPsend 已从调度模块获得相
应信息。在此状态中由于接收到了一个发送 BDP 的时间事件，因此接收结束后状态被转移
到 Update1（第一类更新）对 BDPfirst 进行更新。更新结束后状态回到 Identify。

　　2）来自 BCPsetupsend 的请求。接收到此请求时，状态被转移到 Send 状态，向 BCPset-
upsend 模块发送 BDP 发送时间、发送波长等信息。发送完毕后状态回到 Identify。

　　3）执行发送 BDP 的时间事件。当判断出有时间事件产生时（即系统当前时间小于等于
BDPfirst 对应的时间时），立即发出一个发送 BDP 的请求信号，状态转移到 Update2（第二类
更新），寻找新的 BDPfirst。当搜寻结束后状态回到 Identify。

　　从图 4-4 中可以得知调度模块和 BCPsetupsend 模块的请求类型，所以在 Receive 和 Send
两个状态必须停留几个时钟周期。而第二类更新需要对整个时间事件表格进行搜索，所以需
要在 Update2 状态停留 16 个时钟周期。

4. BCPsetupsend 模块

　　BCPsetupsend 模块用于处理发送 BCP（Setup 信令）的时间事件。表 4-8 为模块内设定
的寄存器。

表 4-8　BCPsetupsend 内的寄存器

寄存器名称	寄存器描述
Reg [15：0] BCPsetupTimeEventTable [15：0]	时间事件表格
Reg BCPsetupEventFlag [15：0]	时间事件状态表格
Reg [3：0] BCPsetupfirst	需要维护的 First
reg [7：0] BCPsetupDesAddressTable [15：0]	存放发送 BCP 的目的地址
Reg [7：0] BCPsetuplamdaTable	存放与 BCP 对应的 BDP 使用的波长

图 4-7 为 BCPsetupsend 的状态转移图，同样也只有五种状态。

当系统被复位后进入 Identify 状态。Identify 状态需要对两种类型的请求进行判断，优先级由高至低。

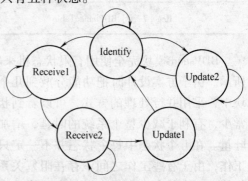

图 4-7　BCPsetupsend 模块状态转移图

1）来自路由模块的请求。当发现路由模块有请求时，首先跳转到 Receive1 状态，接收目的地址、偏置时间等信息。除此之外 BCPsetupsend 还必须知道 BDP 的发送时间和发送波长才能确定时间事件，因此在 Receive1 状态接收信息完毕后向 BDPsend 发出请求。状态被转移到 Receive2 接受来自 BDPsend 的信息。确定时间事件后状态转移到 Update1 进行第一类更新。更新完毕后状态回到 Identify。

2）发生发送 BCP 的时间事件。判断有时间事件发生后，首先向 BCP_sender 和 TimeA 模块发送请求，表示发送 BCP 以及为 Connect 信令开始定时，接着状态转移到 Update2，对 BCPsetupfirst 进行重新搜索。搜索完毕后状态重新回到 Identify。

5. TimeA 模块

TimeA 模块用于处理为 Connect 信令定时的时间事件。虽然定时有开始和结束两个时间点，但这里只需要把 Connect 最后必须到达的时间作为一个时间事件即可。当确定一个时间事件后若在这个时间事件发生之前接收到相应的 Connect 信令则这个时间事件被取消。表 4-9 为模块内设定的寄存器。

表 4-9　TimeA 内的寄存器

寄存器名称	寄存器描述
Reg [15：0] TimeATimeEventTable [15：0]	时间事件表格
Reg TimeAEventFlag [15：0]	时间事件状态表格
Reg [3：0] TimeAfirst	需要维护的 First

图 4-8 为 TimeA 的状态转移图，共有五种状态。

当系统被复位后进入 Identify 状态。Identify 状态需要对三种类型的请求进行判断，优先级由高至低。

1）来自 BCPsetupsend 模块的请求。发现 BCPseupsend 请求的时刻即为 BCPsetup 信令发送的时刻，所以加上预先设置好的时限就确定了一个新的时间事件。转入 Receive1 状态从

BCPsetupsend 模块获取相关信息后进行类型一的更新，最后状态回到 Identify。

2）来自 BCP_receiver 模块的请求。BCP_receiver 模块的请求表示接收到 Connect 信令，需要中断定时。在 Receive2 状态接受信息后，如果 Connect 的参考标识符不等于 TimeAfirst，改变 TimeAEventFlag 内相应的值后返回到 Identify 状态；如果等于 TimeAfirst 则改变 TimeAEventFlag 内相应的值后进入 Update2 进行类型二的更新，因为最早发生的时间事件已被中断。更新完毕后状态返回到 Identify。

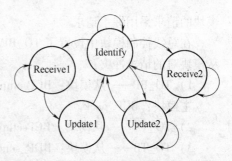

图 4-8　TimeA 模块状态转移图

3）发生 TimeA 超时的时间事件。当发生此时间事件时，改变 TimeAEventFlag 内相应的值后进行类型二的更新，最后状态返回到 Identify。

6. TimeB 模块

TimeB 模块用于处理为 Release Complete 信令定时的时间事件。同 TimeA 模块一样，时间事件被定义为 Release Complete 最后必须到达的时间，接收到 Release Complete 时此时间事件被取消。表 4-10 为模块内设定的寄存器。

表 4-10　TimeB 内的寄存器

寄存器名称	寄存器描述
Reg［15：0］TimeBTimeEventTable［15：0］	时间事件表格
Reg TimeBEventFlag［15：0］	时间事件状态表格
Reg［3：0］TimeBfirst	需要维护的 First

图 4-9 为 TimeB 的状态转移图，共有五种状态。

由于 TimeB 和 TimeA 完成任务的内容大致相同，因此状态转移图也比较相似。不同的是在 Receive1 状态 TimeB 模块接收的是来自 BDP_sender 信息，确定一个 Release Complete 必须到达时间的时间事件；而 Receive2 状态接收的是来自 BCP_receiver 模块接收到 Release Complete 信令的信息。

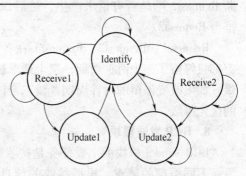

图 4-9　TimeB 模块状态转移图

7. 总线控制模块

从根本上来说，总线就是一种连接，它使用特定的协议规范在不同设备之间进行连接。从图 4-4 可知，系统内存在多对由多个从模块向同一个主模块发出请求的情况。当多个从模块在同一个时钟内发出请求时，主模块就会产生冲突。总线控制模块（Bus_ctrl）的作用就是把这些请求按照一定的规律安排到不同的时钟上去以避免冲突。这要求从模块中的请求必须能够等待规定的时钟周期，因此从模块的请求可以使用 FIFO 请求或者握手请求。总线控制模块安排好这些请求后依次向主模块发送请求和请求类型，以区分数据是从哪个模块传送过来的。总线控制模块向主模块的请求可以使用直接请求、FIFO 请求和握手请求中的任意一种。在本节设计中，从模块向总线控制模块的请求采用 FIFO 请求，而总线控制模块向主模块的请求采用握手请求。

在总线控制模块中设置了 TO_BP、TO_TA 和 TO_TB 三个独立的模块，用于处理以下主从模块对的请求冲突：

1）TO_BP——从模块：BCPsetupsend、BDP_sender、BCP_receiver；

主模块：BCP_pack。

2）TO_TA——从模块：BCPsetupsend、BCP_receiver；主模块：TimeA。

3）TO_TB——从模块：BDP_sender、BCP_receiver；主模块：TimeB。

TO_BP、TO_TA 和 TO_TB 内使用有限状态机来实现，由于三者完成的任务基本相同，只是请求端的数目有区别，下面就以三个从模块一个主模块的情况来介绍此状态机的状态转移方式。

如图 4-10 所示，模块首先在 Request1、Request2、Request3 三个状态内轮询判断是否有请求产生。假设在状态 Request1 中发现有对应请求出现，则向主模块发送一个请求信号和请求类型，进入 Wait Answer 状态等待回应，否则直接进入 Request2 状态。主模块在判断出请求信号和请求类型后向总线控制模块发送一个回应信号。总线控制模块在 Wait Answer 状态收到回应信号后向 FIFO 发出读信号，FIFO 则把缓存的请求内容发往主模块。在请求信号置 0 后状态转移到 Request2，判断 Request2 端是否有请求产生，然后以此类推为 Request3。

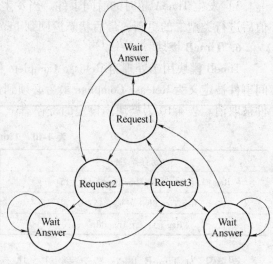

图 4-10　总线控制模块状态转移图

Request1、Request2、Request3 在各自状态都只停留了一个时钟周期，三个请求被接受的几率是相等的，因而也获得了相同的优先等级。如果改变停留的时钟周期，使三个请求被接受的几率不相等，那么就可以由此获得不同的优先等级。

8. BCP 发送模块

BCP_sender 模块的主要任务是接收来自 BCPsetupsend、BDP_sender、BCP_receiver 模块发送不同类型的请求，根据接收的信息实时打包成 BCP 并通过并串转换发送到光学模块。

图 4-11 为 BCP_sender 模块的框架图，主要由 BCP_pack、P2S、CRC8 三个模块组成。BCP_pack 负责为 BCP 实时打包；P2S 为一个并串转换模块，转换后的数据直接送入 CRC8；CRC8 为 BCP 进行 8bit CRC 校验码的编码，输出后的数据送入光学模块。PLL 是一个锁相环，为 P2S 和 CRC8 两个模块提供八倍频的时钟。模块内的连接均采用第一种直接请求的方式。

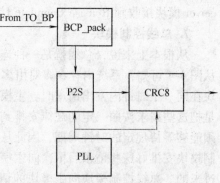

图 4-11　BCP_sender 模块的框架图

9. BCP 组装模块

BCP_pack 为 BCP 实时打包，表 4-11 为模块内设定的寄存器。

表 4-11　BCP_pack 内的寄存器

寄存器名称	寄存器描述
reg [7：0] BCPsendTemp [4：0]	用于临时存放 BCP 的信息，以减少状的数目 BCPsendTemp [0] 存放协议类型和信令类型 BCPsendTemp [1] 存放参考标识符 BCPsendTemp [2] 存放源地址 BCPsendTemp [3] 存放目的地址 BCPsendTemp [4] 存放请求波长

BCP_pack 内由有限状态机实现，图 4-12 为状态转移图。

系统复位后进入 Identify 状态，判断是否有来自总线控制模块的请求。当判断出相应类型的请求后分别进入 Setup、Connect、Release 和 Release Complete 状态，读取传来的信息后保存在 BCPsendTemp 中的相应位置，准备开始依次发送 BCP 中的字段（一个时钟发送 8bit）。见表 4-1 ~ 表 4-4，四种类型的 BCP 结构大致相同，只有 Setup 信令比其他信令要多出一个请求波长的字段，因此分配一组独立的状态来发送 Setup 信令，而其他的信令则共用一组状态。在 Setup 状态中获得相关信息并保存在 BCPsendTemp 后状态进入 Send Head1，发送一个分组头 10101011，然后状态转移到 Send BCP1，依次发送保存在

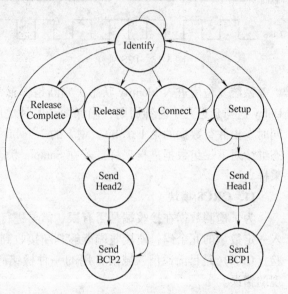

图 4-12　BCP_pack 模块状态转移图

BCPsendTemp 中的 BCP 数据。Send Head2 和 Send BCP2 也完成类似的任务。BCP 发送完毕后状态返回 Identify。

10. 并串转换模块

从 BCP_pack 模块发送过来的数据为 8bit 并行数据，需要转换成串行数据才能进入 CRC8 模块进行编码工作。在设计并串转换模块时，必须考虑的关键问题有两个：一是并行数据和串行数据时钟的匹配问题，串行数据必须在一个时钟内发送单个 bit，因此串行数据的时钟应该 8 倍于并行数据的时钟，这部分由一个锁相环提供；二是由于并行数据和串行数据使用了两个不同的时钟，两者彼此并不同步，因此在一个并行数据的时钟周期内如何采样正确的数据成为了关键。

一个触发器要成功锁存一个数据必须满足建立时间和保持时间两个条件，即数据必须提前时钟触发边沿一段时间到达，并且之后还要保持一段时间。这两个参数的具体数值根据不同的触发器有所不同。

在图 4-13 中，Req 为 Bus_pack 模块发出的请求开始并串转换的信号，Data 是需要转换

的并行数据。假设在 Clk8 的时钟 5 处发现了 Req 请求信号，随之对应的 Data 还不一定转变为需要并串转换的数据，因此可以延迟几个 Clk8 时钟周期确保在建立时间和保持时间充分满足条件的情况下进行采样，这相当于对两个时钟进行了同步。由于同步，第一个采样点经过 8 个 Clk8 时钟周期后可以继续对下一个并行数据进行采样。当 Req 信号置 0 后，结束并串转换。

P2S 模块由有限状态机实现，图 4-14 为状态转移图。

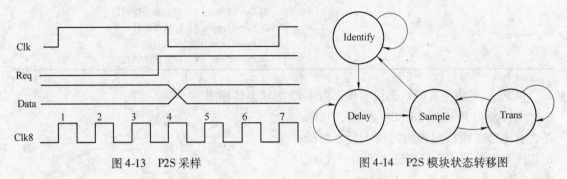

图 4-13   P2S 采样   图 4-14   P2S 模块状态转移图

系统复位后进入 Identify 状态，判断是否有开始并串转换的请求。发现请求后状态转入 Delay 适当延迟几个时钟周期，确保两个时钟之间的同步。然后进入 Sample 状态进行采样，同时发出并行数据的第 1 个 bit。剩下的 7 个 bit 在 Trans 状态传送，完毕之后返回 Sample 状态继续对下一组数据进行采样。若在 Sample 状态时 Req 为 0 则状态返回 Identify，否则继续采样。

11. CRC8 模块

为了检测数据在接收端是否有误，需要进行差错控制。一般的解决方法是在数据结尾加入一定数量的冗余码，使接收端能够判断接收到的信息是否和发送端的有差别。循环冗余校验（CRC）是目前通信领域内常用的一种检错码，主要用来检测数据在传输过程中可能出现的错误。

CRC 即为循环码，属于线性分组码的一种。循环码的生成原理非常简单，假设需要产生 n bit 监督位的循环码，只需把信息位的数据结尾添加 n 个 "0"，对应的多项式除以相应的生成多项式得到的余数即为监督位，把信息位和监督位结合在一起就形成了一组循环码。

CRC8 模块产生具有 8 个监督位的循环码，本节设计中生成多项式采用 $x^8 + x^5 + x^4 + 1$。

假设需要对 110 进行编码，在结尾添加 8 个 "0" 后为 11000000000，对应的多项式为 $x^{10} + x^9$，因此两者相除后，得

$$\left(x^{10} + x^9\right)_{\mathrm{mod}}\left(x^8 + x^5 + x^4 + 1\right) = x^7 + x^5 + x^2 + x \tag{4-6}$$

余数为 $x^7 + x^5 + x^2 + x$，即 10100110。因此对 110 进行编码后生成的循环码为

$$11010100110 \tag{4-7}$$

CRC 编码方法有软件的查表法和硬件的除法电路法。查表法需要生成一个码表，表内是已经预先计算好的各种字节的 CRC 值，然后通过迭代查表的方法得出最后的 CRC 码。硬件法则直接按照循环码的生成原理，利用移位器生成除法电路，来计算余数，如图 4-15 所示。

图 4-15 中上半部分为一个除数为 $x^8 + x^5 + x^4 + 1$ 的除法电路，把需要编码的数据依次输入除法电路，最后每个 D 触发器内保存的值就为余数，也就是最后所需要的 CRC 值。框架图中 Mux 为一个二路选择器，当 Select 信号为 0 时选择输出 DataIn（输入的数据），当 Select 为 1 时选择输出从除法电路出来的数据 D0，相当于先输出

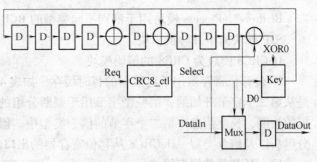

图 4-15　CRC8 模块框架图

循环码中的信息位，然后输出 8bit 的监督位；Key 为一个开关电路，当 Select 为 0 时输出 XOR0 的值，进行除法运算，当 Select 为 1 时输出 0，取消除法运算。

CRC8_ctl 模块用于控制 Select 选择信号，来控制 Key 和 Mux 何时切换。当获得请求信号和需要编码数据长度后开始计数，信息位数据传输完毕后切换开关传送除法电路中保存的余数。值得注意的是 Select 信号本身是有延迟的，当 Key 和 Mux 获得 Select 电平变换消息的时候已经延迟一个时钟，因此 CRC8_ctl 必须在输入数据 Datain 发送完毕的前一个周期就改变 Select 的值。

最后从 CRC8 模块发送出去的数据是一个包括 CRC 校验位的完整的 BCP。

传送完 Datain 的数据后，还需要传送 8bit 的余数，需要花费 8 个 Clk8 时钟周期，对 Clk 来说只相当于一个时钟周期。从图 4-4 可知，下一个 BCP 传送请求必须经过总线控制模块进行选择后才能被接收，其时延必定是大于一个时钟周期（参见图 4-10 的状态转移图），因此不需要考虑 CRC8 模块是否空闲的问题。

12. BCP 接收模块

BCP_receiver 模块用于接收各种类型的 BCP 信令，必须要完成的功能如下：

1）对接受的数据进行缓存。由于模块内处理数据需要时间，不能保证对接收到的数据进行实时处理，因此接收到的数据应该暂时保存在 FIFO 内，防止信息丢失。

2）对收到的数据进行 CRC 检测，判断数据是否接收正确。

3）把接收到的数据进行串并转换交给 BCP 处理模块。

4）根据接收到的 BCP 类型进行相应的处理。

图 4-16 为 BCP_receiver 模块内部的框架图，由 BCPreceiveBuffer、BCPreceiveCtl、BCPreceiveProcess、S2P、DeCRC8 以及 16 位移位寄存器组成。虚线上半部分采用 Clk8 时钟，下半部分采用 Clk 时钟，Clk8 和 Clk 为八倍频关系。模块内的连接均采用直接请求方式。

BCPreceiveBuffer 模块缓存外部接收到的 BCP 信令。

BCPreceiveCtl 模块是 BCP_receiver 模块内的控制模块，控制何时读缓存、何时开始串并转化、何时开始对 CRC 解码等。

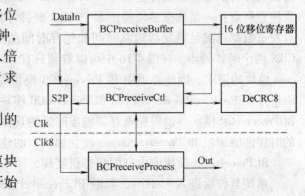

图 4-16　BCP_receiver 模块框架图

BCPreceiveProcess 模块用于辨别不同类型的 BCP 信令然后进行处理。

S2P 模块为串并转换模块。

DeCRC8 模块为 CRC8 的解码模块。

16 位移位寄存器用于对数据的暂时缓存。如表 4-1 ~ 表 4-4 所示，BCP 的有效信息字段是从第二个字节开始的，第一个字节用于判断分组的开始；CRC8 的解码必须知道需解码数据的长度，长度信息在第二个字节的信令类型中。因此数据必须延迟 16 个周期，用于判断分组头以及信令类型。DeCRC8 从移位寄存器的出口获得数据。

13. BCP 接收缓存模块

在边缘节点 BCP 接收端口中接收到的数据不一定都是有效的 BCP 信息，接收缓存模块必须先辨别有效的 BCP 信息后才进行缓存，避免资源浪费。

图 4-17 中 BCPreceiveBufferCtl 模块主要控制 FIFO 的写功能。FIFO 直接从移位寄存器的出口获得数据。图 4-18 为 BCPreceiveBufferCtl 模块的状态转移图。

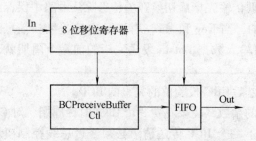

图 4-17　BCPreceiveBufferCtl 模块框架图

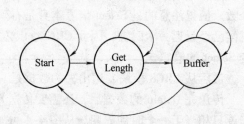

图 4-18　BCPreceiveBufferCtl 模块状态转移图

8 位移位寄存器判断出一个分组头后向 BCPreceiveBufferCtl 模块发出请求。BCPreceive-BufferCtl 模块在 Start 状态接受此请求后向 FIFO 发出写数据的请求，状态转移到 Get Length 状态。在此状态停留 8 个时钟后可以从移存器中获得此 BCP 长度的信息（根据 BCP 的类型），状态转移到 Buffer。在 Buffer 状态中，当 BCP 缓存完毕后停止 FIFO 写信号。

14. BCP 接收控制模块

BCPreceiveCtl 模块控制 BCP 接收模块内的各种请求，以及为 Clk 和 Clk8 两个时钟做同步处理。

与 BCP 发送模块把并行数据转换成串行数据不同，在 BCP 接收模块中必须把串行数据转换成并行数据，然后传送给 BCPreceiveProcess 模块。BCPreceiveProcess 模块成功接收数据需注意两点：一是数据必须持续 8 个 Clk8 时钟才能与 Clk 匹配；二是必须选择一个合适的点发送数据以满足触发器建立时间和保存时间的要求。满足上述两个条件即可实现 Clk 和 Clk8 两个时钟同步。在图 4-16 中可以看到只有 BCPreceiveCtl 模块接收到来自 BCPreceivePro-cess 模块的请求，因此必须由 BCPreceiveCtl 模块完成这个任务。如图 4-13 所示，假设图中 Req 为 BCPreceiveProcess 模块向 BCPreceiveCtl 模块发送的空闲示意请求和并串转换时一样，BCPreceiveCtl 模块可以根据寄存器输出时延的具体情况来选择合适的时钟发送数据，使数据的时序能够满足 BCPreceiveProcess 模块输入口的建立时间及保持时间。

BCPreceiveCtl 模块内由有限状态机实现，图 4-19 为状态转移图。

系统复位后进入 Identify，判断 BCPreceiveProcess 模块是否空闲。空闲时转入 Identify2，同时计数为 Clk 和 Clk8 同步。Identify2 状态判断 BCPreceiveBuffer 中是否有数据，有则跳转到下一个状态。根据同步关系选择时延，然后跳转并开始从缓存中读取数据。在 Start 状态中当 16 位移存器中判断出分组头后跳转到下一状态，同时向 S2P 发出请求开始串并转换。再经过 8 个时钟周期，在 Get length 状态从 16 位移存器获得 BCP 长度信息后，向 DeCRC8 模块请求开始为 BCP 解码。当除 CRC 校验位外的 BCP 字段全部读取完毕后，在 S2P over 状态中结束对 S2P 模块的转换请求，状态跳转到 CRC Over。CRC 校验位也读取完毕后，结束从缓存中读取数据，状态跳转到 CRC Result 等待 De-CRC8 模块通知校验是否正确。最后在 Request 状态中通知 BCPreceiveProcess 模块 CRC 的解码结果，让其判断是否对接收的数据进行处理，由于时钟关系，此请求必须持续 8 个 Clk8 时钟周期。最后状态返回到 Identify。

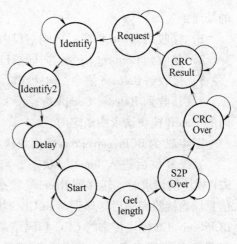

图 4-19　BCPreceiveCtl 模块状态转移图

15. 串并转换模块

S2P 模块从 BCP 接收缓存接收 BCP 信息，把 8bit 的串行数据组成一个并行数据后传送给 BCPreceiveProcess 模块。图 4-20 为 S2P 模块的状态转移图。

系统复位后进入 Identify 状态。获得请求信号后状态转入 Save，把接收到的数据保存在一个 8bit 的寄存器中，当接收到第 7 个 bit 时转入到下一个状态。在 Trans 状态中先继续接收第 8 个 bit，再把完整的一个字节发送出去，然后判断是否有继续转换的请求，有状态跳转到 Save 继续接收，没有则跳转到 Trans end。在 Trans end 状态中，必要的时钟周期内继续保持最后发送数据的请求，然后返回 Identify 状态。

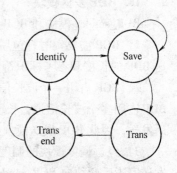

图 4-20　S2P 模块状态转移图

16. CRC8 模块

CRC 的编码原理是把需编码的数据结尾添 "0" 后与生成多项式相除后的余项，把式 (4-6) 中的余项放到左边可得

$$(x^{10} + x^9 + x^7 + x^5 + x^2 + x)_{\text{mod}}(x^8 + x^5 + x^4 + 1) = 0 \tag{4-8}$$

从式（4-8）就能发现信息位和监督位结合成的多项式能够被生成多项式整除。因此 CRC8 的解码原理就是把包含 CRC 校验位的数据输入除法电路后，若所得的余项为 0 就说明数据接收正确。

图 4-21 为 deCRC8 模块框架图。除法电路可以参考图 4-15 的上半部分。deCRC8_ctl 模块用于当数据输入完毕后发送解码的结果，并在开始解码时对除法电路中的 D 触发器复位。由于采用同步复位，需要使用一个时钟周期，因此在输入端处设置一个 D 触发器使数据等待一个时钟周期再进入除法电路。

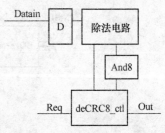

17. BCP 接收处理模块

BCPreceiveProcess 模块对接收到的四种 BCP 信令做出不同

图 4-21　deCRC8 模块框架图

的处理:

1) 接收到 Setup 信令: 向同端口内 BCP_sender 模块请求发送 Connect 信令。

2) 接收到 Connect 信令: 向同端口内的 TimeA 模块请求中断定时。

3) 接收到 Release 信令: 向同端口内的 BCP_sender 模块请求发送 Release Complete 信令。

4) 接收到 Release Complete 信令: 向同端口内的 TimeB 模块请求中断定时。

图 4-22 为 BCPreceiveProcess 模块状态转移图。

系统复位后进入 Identify 状态。当发现来自 S2P 模块的请求时, 转移到 Receive 状态接收 BCP 信息。当接收完毕后转移到 Wait CRC 状态, 等待 BCPreceiveCtl 模块传来的 CRC 解码结果, 若接收正确状态转移至 Process, 若失败则放弃接收的 BCP 信息返回至 Identify。Process 状态内则根据 BCP 的不同类型进行不同的处理。

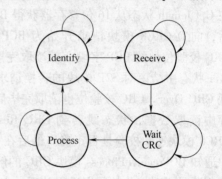

图 4-22　BCPreceiveProcess 模块状态转移图

18. BDP 发送模块

BDP_sender 模块和 BCP_sender 模块有以下几点不同:

1) BCP 需要实时打包后发送, 而 BDP 需要发送的数据已经缓存在 RAM 中, 根据需发送 BDP 的长度和参考标识符信息来寻找被缓存的数据。

2) BCP 占用一个波长信道, 且长度较短, 当 BCP 发送信号冲突时可以先后发送; 而 BDP 占用多个波长信道, 长度为毫秒级, 出于时延考虑不能把两个需要同时发送的 BDP 先后发送, 因此 BDP 发送模块必须能够独立发送每个波长信道上的 BDP。

3) 经过调度模块的调度, 在同一波长信道上不可能需要同时发送不同的 BDP; 当 BDP 发送完毕后必须向 BCP_sender 模块请求发送 Release 信令, 但存在不同波长信道上 BDP 同时发送完毕的情况, 因此需要通过总线控制来解决这个请求冲突。

图 4-23 是 BDP_sender 模块框架图。其中 BDPsend_assignLamda 处理内容为和各个 BDPsendPerLamda 完成一次握手请求。当发现 TPM 中的 BDPsend 模块有发送请求时, BDPsend_assignLamda 把信息发往各个 BDPsendPerLamda, 然后返回等待应答的状态。由于必有一个 BDPsendPerLamda 模块会处理这个发送请求, 因此 BDPsend_assignLamda 接收到回应请求后返回到初始状态判断下一个发送 BDP 的请求。

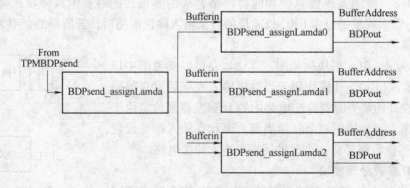

图 4-23　BDP_sender 模块框架图

　　BDPsendPerLamda 用于发送占用对应波长信道的 BDP，图 4-23 只简单列出了三个波长。图 4-24 为 BDPsendPerLamda 模块框架图。

　　如图 4-24 所示，BDPsendCtl 模块用于处理对 BDP 缓存的读控制，以及发送开始并串转换的请求信号。P2S 模块用于处理并行数据和串行数据之间的转换。

　　图 4-25 为 BDPsendCtl 模块状态转移图。当系统复位后状态进入 Identify，若发现有发送请求则进入下一个状态。在 Receive 状态接收发送 BDP 的相关信息后，若发送波长和本模块处理的波长相同则跳转到 Send 状态，否则返回 Identify 不进行处理。在 Send 模块发送 BDP 在 RAM 中的地址，同时向 P2S 模块请求开始串并转换。BDP 在 RAM 中的首地址见式（4-5）。BDP 发送完毕后请求发送 Release 信令以及通知 TimeA 开始定时，由于此请求可能存在冲突，因此需要在 Wait Answer 状态等待总线控制模块的回应。得到回应后状态返回 Identify。

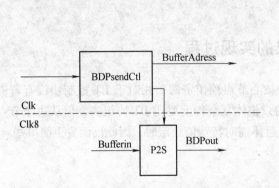

图 4-24　BDPsendPerLamda 模块框架图

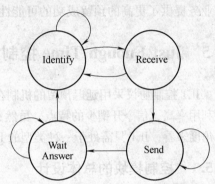

图 4-25　BDPsendCtl 模块状态转移图

4.4　Just Enough Time 控制协议基本原理

　　Just Enough Time 采用估算预留/释放资源的方式。如图 4-2 所示，JET 控制协议中 BCP 只需 Setup 一种信令类型，相对于 JIT 协议在信令开销方面大为减少。不同于 JIT 协议，JET 协议中的 Setup 额外携带着偏置时间和 BDP 长度两个信息，用于 BDP 到达和离开时间的计算。这使 JET 和 JIT 在资源预留方式上有着很大的不同。如图 4-26 所示，JET 采用一种名为延迟预留的机制。假设图为 OBS 网络中某一节点 i 的一条时间轴，在 t_{bcp1} 时刻节点接收到一个 BCP1（Setup），与之对应的 BDP1 将会在 t_s 时刻到达，t_s+1 时刻离开。在 JIT 协议中，当接收到 Setup 信令的时刻就作为资源预留的开始时刻，因此节点 i 在 t_{bcp1} 时刻起就为此 Setup 预留资源；同样只有在收到 Release 信令时才会对资源进行释放，因此节点 i 在 t_r 时刻才会对资源进行释放。在 t_{bcp1} 至 t_r 这段时间内，资源无法被其他的 Setup 请求利用，即使实际 BDP1 使用的时间只有其中的一小部分。例如在 t_{bcp2} 或 t_{bcp3} 时刻分别到达其他的 Setup 请求，节点将无法为这些请求预留资源。JET 协议中由于 BCP（Setup）携带了额外的信息能够估算出 BDP 的具体开始时间和离开时间，节点 i 只需在 t_s 和 t_s+1 之间为 BDP1 预留资源即可，即为 BDP1 进行了延迟预留。当在 t_{bcp2} 或 t_{bcp3} 时刻接收到其他请求时，只要与之对应的 BDP 到达和离开时间不和 t_s 至 t_s+1 重合，节点即可接受这两个 BCP 的请求，从而大大提高了资源利用率。

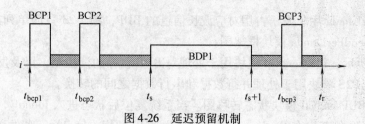

图 4-26　延迟预留机制

由于 JET 协议的延迟预留机制，使得 OBS 网络能够支持 QoS，这是 JIT 协议无法实现的。在 JET 协议延迟预留机制的支持下，只要为不同级别的服务设置不同长度的偏置时间即可实现 QoS。例如为高优先级的业务设置较长的偏置时间，而低优先级的服务设置较短的偏置时间。如图 4-26 所示偏置时间较长就相当于较早地在节点请求预留，这样就为高优先级的业务提供了更高的预留成功的可能性。

4.5　Just Enough Time 控制协议的实现过程

JET 控制协议采用延迟预留的机制在各个核心节点预留资源，相对于 JIT 控制协议有着资源利用率高、信令开销少的特点。虽然 JET 协议整体复杂程度要比 JIT 协议高，但从边缘节点的角度来看，JET 只需处于一种类型的 BCP，且不需对特殊信令定时，因此反而要更简单些。

4.5.1　控制模块的总体设计

JET 控制协议和 JIT 控制协议本身完成的目标相似，其次在设计基于 JIT 的控制模块时，一定程度上也考虑到向 JET 协议的移植，因此在设计 JET 协议的控制模块时，很多地方可以继续沿用 JIT 协议的设计方案。

基于 JET 的控制模块仍旧采用并行处理的设计思路，首先每个端口都有独立的控制模块处理数据，其次在模块内部也继续尽量采用并行运行的结构。

图 4-27 为基于 JET 的控制模块系统框架图。图中可以看出控制模块继续使用了 TPM 模块来处理 JET 协议中的时间事件。由于不需要对确认信令进行定时，取消了 TimeA 和 TimeB 两个模块以及与其有关的接口。JET 协议只需处理一种 BCP，与 JIT 协议中 Connect、Release、Release Complete 信令相关的接口也一一取消。最终使得 JET 协议中没有 JIT 协议中那样错综复杂的请求冲突，因此模块内不需要总线控制模块来解决冲突。除此之外，大部分模块的功能和设计方案与 JIT 协议中的相同。

1）TPM 中的 BDPsend 模块在发生时间事件时发出相应 BDP 请求，BCPsetupsend 模块用于发送 BCP 的请求。两者的请求均采用 FIFO 请求方式传递给 BDP_sender 模块以及 BCP_sender 模块。

2）BDP_sender 用于发送 BDP，各个波长信道上的 BDP 也应能够独立处理。

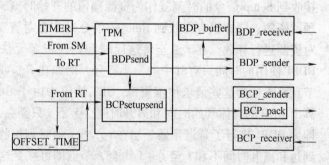

图 4-27　基于 JET 的控制模块系统框架图

3）BCP_sender 和 BCP_receiver 由于只需发送或接收一种 BCP，结构稍有不同。

4.5.2　JET 协议控制分组格式设计

　　模块内的参考标识符、偏置时间和 BDP 缓存的设计可以完全使用 JIT 协议中的设计。

　　JET 协议中的 BCP 相当于 JIT 协议中的 Setup 信令。JET 协议在核心节点使用 BCP 中携带的参数估算出 BDP 的到达时间和结束时间，和 JIT 协议使用显式通知的方式有所不同，因此 BDP 的分组格式应该重新设计。

　　从表 4-12 中可见，由于只有一种类型的 BCP，JIT 协议中 Setup 信令的信令类型字段被取消。BDP 长度和偏置时间字段用于核心节点处估算出预留资源的时间。此外由于 BCP 分组的长度大幅增加，CRC 校验位被设置成 16bit。这也要求 CRC 编解码模块重新设计。

表 4-12　JET 协议中 BCP 的分组格式

内　　容	长度/bit
分组头	8
协议类型	8
参考标识符	8
源地址	8
目的地址	8
BDP 长度	32
偏置时间	32
请求波长	8
CRC 校验	16

4.5.3　JET 协议子模块设计

1. BCP 发送模块

　　BCP_sender 模块的框架图可以参考图 4-11JIT 协议中的 BCP_sender 模块框架图。不同的是 CRC 编码模块为 CRC16，产生 16bit 监督位的循环码。另外 BCP_pack 模块的打包过程也稍有不同，表 4-13 为模块内设定的寄存器。

表 4-13　BCP_pack 内的寄存器

寄存器名称	寄存器描述
reg［7：0］BCPsendTemp［12：0］	用于临时存放 BCP 的信息，以减少状态的数目 BCPsendTemp［0］存放协议类型 BCPsendTemp［1］存放参考标识符 BCPsendTemp［2］存放源地址 BCPsendTemp［3］存放目的地址 BCPsendTemp［4］~ BCPsendTemp［7］ 　　　　　　　存放 BDP 长度 BCPsendTemp［8］~ BCPsendTemp［11］ 　　　　　　　存放偏置时间 BCPsendTemp［12］存放请求波长

BCP_pack 模块仍旧采用实时打包的方式。如图 4-28 所示，由于 BCP_pack 模块只需处理一种类型的 BCP，状态的数目也大为减少。在 Identify 状态发现请求后进入 Save 状态，把相应的信息保存在 BCPsendTemp 寄存器中。然后在 Send Head 状态发送一个分组头，接着在 Send BCP 状态中把保存在 BCPsendTemp 寄存器中的 BCP 依次发出。发送完毕后状态返回到 Identify。

2. CRC16 模块

CRC16 模块的编码原理同 CRC8 一样，不同的为生成多项式，因此 CRC16 模块除了除法电路与 CRC8 不同外，其余部分相同。在本节设计中 CRC16 的生成多项式采用 $x^{16} + x^{15} + x^2 + 1$。对应的除法电路如图 4-29 所示。

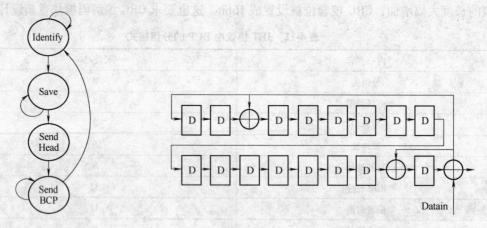

图 4-28　BCP_pack 模块状态转移图　　　　图 4-29　CRC16 模块中的除法电路

3. BCP 接收模块

BCP_receiver 模块的框架图也可以参考图 4-16 JIT 协议中的 BCP_receiver 模块。同样由于 CRC 的编码改变了，解码部分也应有所改变。由于 BCP 类型唯一化后，BCP 长度也随之固定，当 BCP_receiver 模块内的任何模块涉及 BCP 长度获取的时候都使用一个固定的值，无需再进行判断。另外在本节设计中目的节点接收 BCP 后不需再进行其他处理，但考虑到将来能够使用 BCP 内的信息实现其他功能，仍保留 BCPreceiveProcess 模块，但只接收数据而不进行具体的处理。

CRC 解码工作就是把数据输入相应的除法电路后判断是否为 0，因此 deCRC16 模块只需把除法电路换成图 4-29 中的即可。

4.6　本章小结

本章介绍了光突发交换网中的控制协议，分析了各种控制协议的基本原理，简要介绍了 E-JIT、JIT⁺、JumpStart 和 Horizon 协议；深入讨论了光突发网络中具有代表性的两个控制协议，即 JIT 协议和 JET 协议；详细描述了控制模块的总体设计方法。虽然 JET 协议较 JIT 协议具有更大的实现难度，但在光突发交换网中 JET 协议比 JIT 协议具有更优越的性能，能让光突发交换网体现更大的灵活性，因此 JET 协议正在被广泛研究和不断完善。

第 5 章　光突发交换网的调度技术

OBS 网络的各个节点之间是通过 WDM 链路连接起来的，因此连接各个节点的光纤中有多个波长信道用作传输数据。当节点处具备波长转换能力时，输入的突发包可以在任意一个输出数据信道上转发出去，这就需要突发调度在考虑每个波长资源的预约后为数据突发选择一个合适的波长，对这些数据进行合理地信道调度。资源调度机制能够有效地利用信道带宽，提高网络资源利用率。

5.1　调度模块的基本原理

调度模块可以分为三大部分：突发包请求选择部分、突发包分配和信道选择部分。

调度模块的处理对象是经过汇聚组装好的突发包。当汇聚模块完成 IP 数据的组装后，便将突发包放在不同的寄存器进行缓存，同时向调度模块发出调度请求 Req，可能会有 N 个调度请求 Req，因此需要对调度请求进行分析，选出优先调度的突发包。突发包请求选择部分主要采用时间片轮询（Round-Robin）算法，根据突发包的优先级，选出当前最需要进行信道调度的突发包，其他突发包则先进行缓存等待下一次调度。这种方法简单有效，并且不失对突发包请求的公平性。

突发包分配和信道选择模块的主要功能：当请求选择部分获得优先调度的突发包时，会返回一个响应信号，并读出需要调度的突发包，根据相应的突发包信息对每条信道的突发包预约时间表进行搜索。当有多条信道满足搜寻条件时，信道选择模块依据 LAUC 算法原理对信道进行筛选，得到突发包的传输信道，同时将信息传递给控制模块完成对突发包的调度。图 5-1 是数据调度模块的整体实现框图。

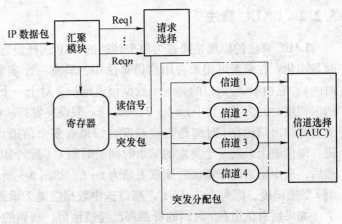

图 5-1　数据调度模块的整体实现框图

5.2　典型调度算法

5.2.1　FF 算法

FF（First Fit）算法的基本思想：先将信道按照一定顺序（例如由小到大）编号，假设 BDP 到达节点的时间为 t，其持续时间为 L，调度器在 t 时刻依次查询各信道的使用情况，当找到第一条可用的信道后，就将其确定为用来传输 BDP 的信道，并将信道的状态置为不可用，时刻 $t+L$ 后，即该突发传输完毕后将其恢复成可用状态。FF 算法需要快速地找到突发数据的输出信道，因此在 FF 算法中需要选择第一个搜索到的、可用的、未被调度的数据信道。

如果所有的信道在 t 时刻都被占用，到达的 BCP 将延迟 i 个 FDL 单元，直到至少一条可以使用的信道出现。如果 $1 \leqslant i \leqslant B$（$B$ 是最大的 FDL 单元），调度器将选择首先释放出来的信道。如果 $i > B$，到达的 BDP 将被丢弃。相对于最近可用信道算法来说 FF 算法更具有简单易实现的特点，这种算法只需获得各信道的占用情况，而不需要记录任何值就可以实现。但是由于数据信道的使用情况不平均，导致其链路利用率不高。

FF 算法的流程图如图 5-2 所示。变量介绍如下：

i：FDL 缓冲器的延迟单元数；
B：FDL 缓冲器的最大延迟单元数；
j：信道标号；
C：最大信道标号；
D：FDL 时间单元；
L：突发包长度。

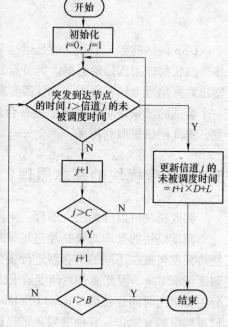

图 5-2　FF 算法的流程图

5. 2. 2　LAUC 算法

LAUC 算法的原理是通过为每个到达的 BCP 选择最近可获得的空闲数据信道来使输出延时最小化。在最近可用未占用信道算法中，只有一个实数值，即未被调度时间（将来可用时间），它由 DCG 出口的每一个数据信道维护。对于一个有 k 个数据的 DCG，令第 j 个信道的未调度时间为 t_j，其中 $j = 1, 2, \cdots, k$。假设突发持续时间为 L，到达时刻为 t，调度器首先查找输出信道在 t 时刻是否被调度。如果有多个信道可用，调度器选择一个最迟可用信道，即信道上最后一个突发的结束时间与时刻 t（新到 BDP 的开始时间）的时间间隔最小。然后，选中信道的未调度时间就更新为 $t+L$。如图 5-3 所示，数据信道 2 和数据信道 3 在时刻 t 都未调度，因为 $t - t_2 < t - t_3$，所以选中数据信道 2 承载新到的 BDP。

如果所有信道在 t 时刻的资源都已经被预留，新到的 BDP 将不得不利用 FDL 延时单元。如需 i 个延时单元，i 从 1 开始查找，直到找到未调度的可用资源为止。如果 $1 \leqslant i \leqslant B$（$B$ 为最大 FDL 单元个数），调度器将选择最迟可用信道来传输新到的 BDP，并更新信道的未调度时间为 $t + i \times D + L$。如果 $i > B$，新到的 BDP 将被丢弃。

如图 5-4 所示，突发数据在 t 时刻到来，根据 LAUC 算法寻找信道，所有信道均被预留，信道均不可用，因此引入 FDL。而在 $t + D$ 时刻，信道 1 和信道 3 还没有被预留。这样信道的 BDP 将被延时 1 个 FDL 时间单元，并选择信道 3 承载 BDP。但是，突发间隔可能是由于不同的 BDP 到达时间或者 FDL 缓存增加造成的，由图 5-3 和图 5-4 所示，显然 FDL 延时单元 D 越大，增加的间隔也越大。

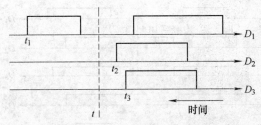

图 5-3　LAUC 算法基本原理

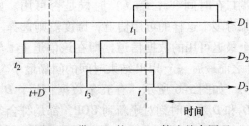

图 5-4　带 FDL 的 LAUC 算法基本原理

根据 LAUC 算法原理，LAUC 算法流程图如图 5-5 所示。变量介绍如下：

I：FDL 缓冲器的延迟单元数；

B：FDL 缓冲器的最大延迟单元数；

j：信道标号；

C：最大信道标号；

D：FDL 时间单元；

t：突发包到达时间；

h：符合条件的信道数；

L：突发包长度；

Before_end_time (j)：信道 j 在 t 之前数据信道被释放的时间；

Unscheduled_time (j)：信道 j 未被调度的开始时刻。

LAUC 算法的主要优势在于简单，易于实现。由于节点需要记录的信息量非常少，因此实现简单。但该算法信道利用率不是很高，因为突发间隔/填充不能被充分利用起来。FDL 缓存的存储容量由 FDL 的数目和每一段 FDL 的长度共同决定。FDL 的延时单元 D 越大，引入的突发间隔可能也越大，这就使得 LAUC 算法的带宽利用率更低，从而引起更高的突发丢失率。为了解决这个问题，可以引入更高级的调度算法，充分利用突发包之间的间隔。

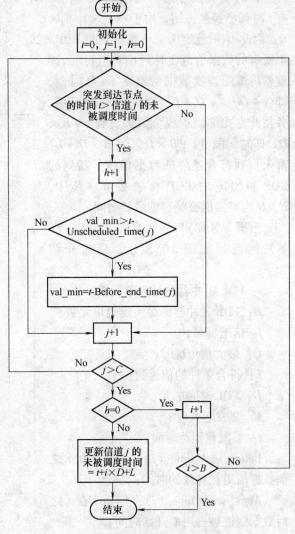

图 5-5　LAUC 算法流程图

5.2.3　LAUC-VF 算法

LAUC-VF 算法同 LAUC 算法相似，主要的区别在于 LAUC-VF 算法考虑到了突发数据之间的间隙资源，可以将新到达的数据突发填充到两个突发数据之间的空隙中。

假设突发包持续时间为 L，BDP 的到达时间为 t，调度器首先查找所有数据信道的输出

端口在时间 $(t, t+L)$ 时候是否可用。如果有多个这样的可用信道，调度器则选择一个最迟可用的数据信道，即在该信道上 t 与 t 之前最后一个 BDP 结束时间的间隔最小。

如图 5-6 所示，有五条数据信道，D_1、D_2 和 D_5 在 t 时刻对于新到 BDP，都是符合条件的未用数据信道。D_3 和 D_4 都是不符合条件的，D_3 的突发包之间的间隔太小，而 D_4 在 t 时刻已经被占用，由于 $t-t_2 < t-t_1 < t-t_5$，因此 D_2 被选定用来承载新到的 BDP。如果所有的数据信道在时刻 t 都不可用，调度器将试图查找数据信道在 $t+D$ 时刻，即 $(t+D, t+D+L)$ 时间段是否可用，并按此方式继续查找。如果直到 $t+B \times D$，即时间段 $(t+B \times D, t+B \times D+L)$ 都未找到符合条件的数据信道，新到的 BDP 和相应的 BCP 将被丢弃。其中，$B \times D$ 为突发能被缓存的最长时间。

根据 LAUC-VF 算法原理，LAUC-VF 算法的流程如图 5-7 所示。变量介绍如下：

i：FDL 缓冲器的延迟单元数；

B：FDL 缓冲器的最大延迟单元数；

j：信道标号；

C：最大信道标号；

h：符合条件的信道数；

D：FDL 时间单元；

L：突发包长度；

t：突发包到达时间；

Before_end_time (j)：信道 j 在 t 之前数据信道被释放的时间；

After_send_time (j)：信道 j 在 t 之后数据信道被占用的开始时间；

Unscheduled_time (j)：信道 j 未被调度的开始时刻。

LAUC-VF 算法的主要特点在于能够充分利用每个波长信道数据突发之间的空隙，从而使信道利用率大幅提高，同时降低了突发包的丢失率。

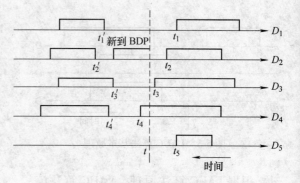

图 5-6　LAUC-VF 调度算法的基本原理

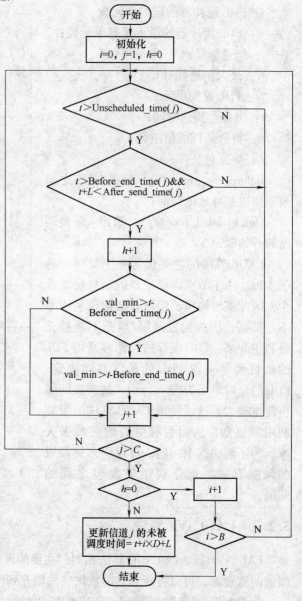

图 5-7　LAUC-VF 算法流程图

5.3 新型数据信道调度算法

5.3.1 基于 PPJET 协议的数据信道调度算法

优先级抢占 JET（PPJET）协议是一种在具有不同优先级的突发包发生资源冲突的时候，强制性地丢弃优先级较低的突发包的支持 QoS 区分的方案。PPJET 协议将按照突发包优先级的不同，为每个突发包进行优先级标记。假设 L 表示标记字节，并且目前 OBS 网络中只有两个优先级，那么 $L=1$ 的突发包代表高优先级突发包，$L=0$ 的突发包代表低优先级的突发包。对于一个新到达的突发包，如果 $L=1$，那么它只有在所有数据信道都被其他 $L=1$ 的突发包预留，或者 $L=0$ 的突发包已经进行传输的前提下才会被拒绝调度，否则它可以占用空闲信道或者 $L=0$ 的突发包已经预留但是没有开始传输的信道。而如果这个新到达的突发包 $L=0$，那么它只有在出现信道空余的时候才可以被调度。PPJET 协议与 LAUC-VF 算法可以联合使用。如图 5-8 所示，这是一个基于 PPJET 协议的 LAUC-VF 数据信道调度算法示例。

图 5-8a 表示：在 t_a 时刻一个 $L=1$ 的新突发包到达，但是此时没有合

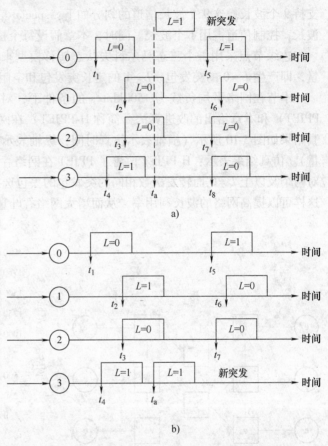

图 5-8 基于 PPJET 协议的 LAUC-VF 算法

适的插空出现。对于信道 0，一个 $L=1$ 的突发包已经预约该信道；对于信道 1，一个 $L=1$ 的突发包正在传输；对于信道 2，一个 $L=0$ 的突发包正在传输；对于信道 3，虽然已经被一个 $L=0$ 的突发包预约，但是基于 PPJET 协议的 LAUC-VF 协议将丢弃这个 $L=0$ 的突发包，并在当前时刻开始传输这个新到达的突发包，结果如图 5-8b 所示。

5.3.2 一种改进的基于 PPJET 协议的数据信道调度算法

本节在基于 PPJET 协议的 LAUC-VF 算法上做了 3 点改进：

1）将数据信道划分为特殊信道（special）和普通信道（com）两类，并规定 $L=1$ 的突发包既可以在 special 信道上传输，也可以在 com 信道上传输；而 $L=0$ 的突发包只能在 com 信道上传输。

2）如果在一次调度过程中，可以丢弃两个及以上 $L=0$ 的突发包，那么选择已经经历

的转发次数（跳数）最小的突发包丢弃。

3）如果在2）中两个或者以上 $L=0$ 的突发包具有相同的转发次数，那么丢弃包长小的突发包。

如图5-9所示，本章选择一个具有6个边缘节点（用e表示）和8个核心节点（用c表示）的OBS网络作为仿真网络。每个节点之间都采用一对双向的光纤连接，并且每根光纤支持9个波长。这9个波长信道的划分如下：special信道占用4个波长，com信道占用4个波长，控制信道占用1个波长。同时，本章假设每个核心节点都具备全波长转换能力。

边缘节点采用一个三态马尔科夫状态转移模型来模拟具有不同优先级的突发包的业务量，即产生 $L=0$ 的突发包、$L=1$ 的定长突发包和空闲状态。

本节在网络平均负载为1500kbit/s的条件下，对基于PPJET的LAUC-VF算法（简称PPJET）和本章给出的改进算法（简称H-PPJET）在网络吞吐量方面的性能进行了仿真。仿真结果如图5-10所示（横轴表示仿真时间；纵轴表示在目的节点处统计得到的突发包吞吐量）。仿真结果表示：H-PPJET改善了PPJET在网络吞吐量方面的性能。由于H-PPJET在面对两个及以上 $L=0$ 而转发次数相同的突发包的丢包选择时，尽量选择保留包长大的突发包，这样可以提高网络的波长利用率，从而增大网络吞吐量。

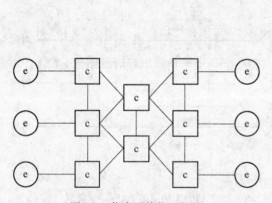

图 5-9　仿真网络物理拓扑

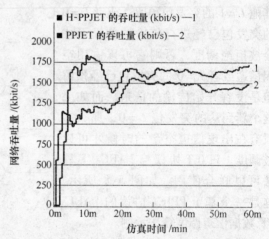

图 5-10　PPJET 与 H-PPJET 网络吞吐量的性能比较

本节在改变网络平均负载的条件下，仿真了PPJET与H-PPJET在突发包丢包率方面的性能。如图5-11所示，随着网络平均负载的增加，PPJET与H-PPJET的丢包率逐渐增大。但是当网络的平均负载大于1200kbit/s后，H-PPJET的丢包性能开始优于PPJET的丢包性能。由于H-PPJET在处理两个及以上 $L=0$ 的突发包的丢包选择时，优先选择调度已经历的转发次数最多的突发包。因为OBS网络已经为这样的突发包预留了较多的网络资源，所以接受这样的突发包将会获得较高的资源利用率。

本节在网络平均负载为1500kbit/s的条件下，比较了PPJET与H-PPJET的端到端平均时延，如图5-12所示。仿真结果显示：PPJET与H-PPJET的端到端平均时延在0.1ms附近波动，但是PPJET的时延性能优于H-PPJET的时延性能。主要原因在于H-PPJET在两个及以上 $L=0$ 的突发包的丢包选择时，优先选择调度经历转发次数较多的突发包。因此，这样容易积累较多次数的节点处理时延，而这也是提高网络吞吐量与突发包丢包率性能的代价。

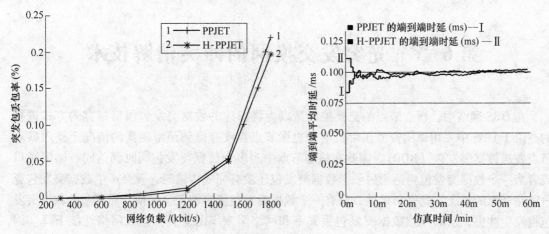

图 5-11　PPJET 与 H-PPJET 突发包丢包率的性能比较　　图 5-12　PPJET 与 H-PPJET 端到端时延的性能比较

5.4　本章小结

　　本章介绍了几种光突发交换网中的调度技术：FF、LAUC、LAUC-VF 和一种改进的基于优先级抢占 JET 协议的数据信道调度算法。其中，FF 算法中需要选择第一个搜索到的、可用的、未被调度的数据信道。这种算法只需获得各信道的占用情况，而不需要记录任何值就可以实现；但是由于数据信道的使用情况不平均，导致其链路利用率不高。LAUC 算法的原理是通过为每个到达的 BCP 选择最近可获得的空闲数据信道来使输出延时最小化。LAUC 算法的主要优势在于简单，易于实现。由于节点需要记录的信息量非常少，因此实现简单。但该算法信道利用率不是很高，因为突发间隔/填充不能被充分利用起来。LAUC-VF 算法的主要特点在于能够充分利用每个波长信道数据突发之间的空隙，从而使信道利用率大幅提高，同时降低了突发包的丢失率。本章还介绍了一种改进的基于 PPJET 协议的 LAUC-VF 算法，不仅介绍了上述算法的基本原理和实现步骤，而且通过一系列的网络仿真结果可以看到：这些算法能够有效地控制 OBS 网络的突发包丢包率，提高网络资源利用率和吞吐量。

第6章 光突发交换网的冲突消解技术

在 OBS 网络中，核心节点的交换控制是以为将到达的数据突发包预留带宽的方式进行的。由于 OBS 中采用单向资源预留机制，边缘节点在没有得到预留确认的情况下就向核心节点发送数据突发包（BDP），因此在核心节点中当多个数据突发包同时到达同一输出端口或者当一个数据突发包到达而另一个数据突发包还没有完成传输时，就会产生数据突发包竞争链路资源的情况。竞争结果是，只有一个数据突发包能够被正常交换，而其余的数据突发包将发生冲突，从而导致数据突发包丢失率和网络阻塞率的上升，造成网络性能下降。因此，如何解决数据突发包的冲突问题，即冲突消解技术，是 OBS 网络在实际应用中的关键环节之一。

6.1 光缓存技术

光缓存技术，与电缓存技术相似，若两个或多个 BDP 争用同一个信道，就选中其中一个 BDP 预留其资源，其余 BDP 延时一定时间后再预留。由于光存储技术的限制，在光域中没有理想的光随机存储器，现有的光缓存技术只有采用光纤延迟线（FDL），利用光在光纤中的传播时延来完成光信号的缓存。使用 FDL 作为光缓存对光信号的延时是有限的，与光纤的长度成正比。目前的光缓存器，一般由一组光纤延迟线和交换矩阵组成，可分为固定延时、可变延时和混合延时三种结构，如图 6-1 ~ 图 6-3 所示。

对于固定延时的光缓存，每个 FDL 能提供固定的延时，延时范围为 $0 \sim (N-1)b$，如图 6-1 所示，其中的 b 为单位延时。

对于可变延时的光缓存，N 个 FDL 中的每一个都可以提供范围在 $0 \sim (2^0 + 2^1 + 2^2 + \cdots + 2^n) b$ 内的延时，如图 6-2 所示，其中 n 由具体应用决定。

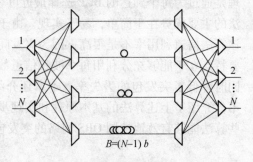

图 6-1 固定延时的光缓存结构

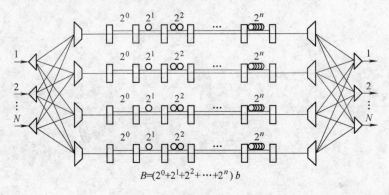

图 6-2 可变延时的光缓存结构

　　混合延时的光缓存结合了固定延时与可变延时的特点，N 个 FDL 中的每一个可以提供变化的延时，但不同 FDL 提供的最大延时是不同的，这个最大值为 $b \sim (N-1)b$，如图 6-3 所示。

　　在 FDL 光缓存中，FDL 的单位时延 b 是一个重要参数。b 值过小，缓存容量差；b 值过大，则时间分辨率低，所以应采用适当的 b 值，使突发包的丢失率不太大。在 OBS 中应用有限存储容量的光纤延迟线（FDL），虽然 FDL 所具有的缓存能力是有限的，但它有助于减少突发丢包率，并改善系统性能，如图 6-4 所示的情况。

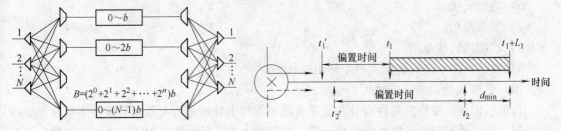

图 6-3　混合延时的光缓存结构　　　　　　图 6-4　在 JET 中采用光缓存的延迟预留

　　假定第二个突发将在 t_2 时刻到达 OBS 路由器，其中 $t_1 < t_2 < t_1 + L_1$。在这种情况下，就可以说第二个 BCP（也就对应于相应的 BDP）由于没有可用的带宽而被阻塞。对于无丢失的通信系统，丢失的包不得不要求重传。同时，由于被丢失的包在源节点到目的节点可能已经占用了一部分链路，因而 BDP 丢失将导致先前的带宽资源的浪费。很明显，如果没有采用任何缓存机制，当第二个 BCP 被阻塞时，它相应的 BDP 将不得不丢弃。然而，通过 FDL 将 BDP 延时至少 $d_{min} = t_1 + L_1 - t_2$，那么第二个 BDP 就不会被丢弃了。同时也不必丢弃该分组，从而更进一步提高系统的吞吐量。可见，引入 FDL 可以有效地提高系统的吞吐量。

6.2　波长转换技术

6.2.1　波长转换技术的基本原理

　　采用波长转换器是解决竞争的另一种途径。在核心节点，当一个突发包到达时，如果与其输入信道具有相同波长的输出信道被占用，则可将该突发包由原输入波长转换到同一个输出端口的其他波长上输出，从而解决突发包之间的竞争。

　　在光网络中，由于采用波分复用技术，源节点和目的节点物理上虽然只有一根光纤相连，但是逻辑上有多个波长相连。如图 6-5 所示，当不同光纤同一个波长 λ_1 上的两个数据同时向同一根输出光纤输出时，会产生竞争，但是如果将其中的一根光纤上的数据通过波长转换器转换到 λ_2，那么它将占用输出光纤的波长 λ_2，这样就可以有效地解决输出端口竞争。

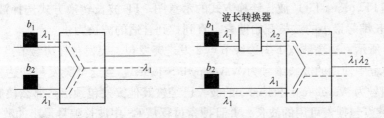

图 6-5　波长转换技术的基本原理

OBS 对波长转换器的要求如下：

1）转换速率高（10Gbit/s 以上）。

2）既能向短波长方向转换又能向长波长方向转换，且对数据格式透明。

3）可以使输入波长无变化。

4）低啁啾。

5）高信噪比。

6）高消光化。

7）实现简单。

8）较宽的转换范围。

9）能够将多个波长转换到多个输出波长上。

10）足够短的调谐响应时间。

目前实现波长变换的器件有分布反馈式激光器与半导体光放大器的集成、多波长半导体激光器、非线性光纤参量波长变换单元等。它们的工作原理大都利用了交叉增益调制、交叉相位调制或四波混频等非线性光学效应。事实上，现阶段的波长转换技术，尤其是全光波长转换技术还不够成熟，全光可调波长转换器价格非常昂贵。考虑采用部分波长交换（不必为每个波长都配置波长转换器）是一种较为经济的节点实现方式，尤其是在单模光纤可复用波长数目较多的情况。

6.2.2　OBS 网络中两种波长转换方式的性能分析

波长转换技术是 OBS 网络中一种广泛采用的技术。它既是 OBS 网络中的数据信道调度算法，如 LAUC、LAUC-VF、OBS-GS 等算法的应用前提，也是在 OBS 核心节点中作为冲突解决的一种重要方法。

1. 符号定义

1）WAVNUM 表示单个光纤支持的最大波长数。

2）CONVR 表示波长转换度。

3）WAVSELECTED 表示输入突发包使用的波长编号。

4）CS 表示波长转换集合。

假设目前 WAVNUM = 10，WAVSELECTED = 5，CONVR = 2，那么这个波长的 CS 为 [3，4，6，7]。本章研究的波长转换方式为有限范围波长转换，所以有 WAVSELECTED + 2 ×CONVR < WAVNUM。

2. 两种波长转换方式

（1）FF 波长转换方式

图 6-6 是 FF（First-Fit）波长转换方式的示意图。FF 波长转换方式选择波长的方式为：在 CS 中从波长编号最小的波长开始搜索，直到找到合适的波长为止。

如图 6-6 所示，边缘节点 1 向边缘节点 2 发送突发包。突发包在边缘节点 1 与核心节点 A 之间传输过程中使用的波长编号为 Wavelength Selected。当这个突发包到达核心节点 A 的时候，波长编号为 Wavelength Selected 的波长已经被其他突发包预留。那么核心节点 A 将在 CS 内为这个突发包搜索可用的波长，并且搜索过程从 CS 中波长编号最小的波长开始。由于波长编号为 Wavelength 1 的波长目前可用，那么突发包从核心节点 A 传输到核心节点 B 的过程将使用这个波长。当突发包到达核心节点 B 时，由于波长编号为 Wavelength 1 的波长已经被其他突发包预留，那么核心节点 B 将为这个突发包从以 Wavelength 1 为中心波长的另一个 CS 内搜索可用波长。搜索结果是波长编号为 Wavelength 2 的波长可用。那么从核心节点 B 传输到核心节点 C 的过程将使用这个波长。当突发包到达核心节点 C 时，波长编号为 Wavelength 2 的波长为空闲波长。那么，从核心节点 C 传输到边缘节点 2 的过程将使用原有的波长。

（2）NWF 波长转换方式

图 6-7 是 NWF 波长转换方式示意图。NWF 波长转换方式选择波长的方式为在 CS 中从以输入波长为中心波长的波长最近的那个波长开始搜索，直到找到可用的波长为止。

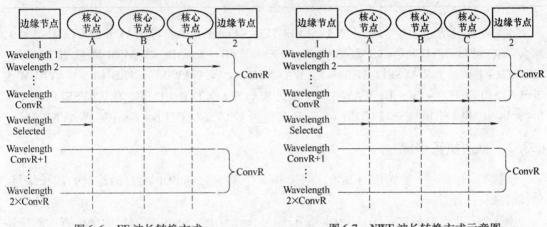

图 6-6　FF 波长转换方式　　　　　　　图 6-7　NWF 波长转换方式示意图

如图 6-7 所示，边缘节点 1 向边缘节点 2 发送突发包。突发包在边缘节点 1 与核心节点 A 之间传输过程中使用的波长编号为 Wavelength Selected。当这个突发包到达核心节点 A 的时候，波长编号为 Wavelength Selected 的波长已经被其他突发包预留。那么核心节点 A 将在 CS 内为这个突发包搜索可用的波长，并且搜索过程从 CS 中与 Wavelength Selected 最近的波长开始。由于波长编号为 Wavelength ConvR 的波长目前可用，那么突发包从核心节点 A 传输到核心节点 B 的过程将使用这个波长。当突发包到达核心节点 B 时，由于波长编号为 Wavelength ConvR 的波长是空闲波长，那么从核心节点 B 传输到核心节点 C 的过程将继续使用这个波长。当突发包到达核心节点 C 时，波长编号为 Wavelength ConvR 的波长已经被其他突发包占用。那么核心节点 C 将在以 Wavelength ConvR 为中心波长的另一个 CS 内为这个突发包搜索可用的波长，并且搜索过程从 CS 中与 Wavelength ConvR 最近的波长开始。由于波长编号为 Wavelength Selected 的波长目前可用，那么突发包从核心节点 C 传输到边缘节点 2 的过程将使用这个波长。

6.3　基于有限波长转换的 LAUC 算法

6.3.1　CS 集合的计算

对于输入波长编号为 WAVSELECTED 的波长，对应的 CS 集合可以通过 ConvR 和 WAVNUM 进行计算。CS 集合由两个部分组成：以 WAVSELECTED 为中心波长，分为"1"～

"ConvR"和"ConvR + 1"~"2 ×ConvR"。但是，"1"、"ConvR"、"ConvR + 1"和"2 ×ConvR"并不表示实际的波长编号，而是以 WAVSELECTED 为中心波长的波长编号。它们与实际的波长编号的对应关系见表 6-1。

表 6-1　两种波长编号的对应关系

序　　号	WAVSELECTED 为中心波长的波长编号	实际的波长编号
1	1	WAVSELECTED-ConvR
2	ConvR	WAVSELECTED-1
3	ConvR + 1	WAVSELECTED + 1
4	2 ×ConvR	WAVSELECTED + ConvR

在实际的计算过程中，如果 WAVSELECTED − ConvR ≤ 0 或者 WAVSELECTED − 1 ≤ 0，那么 WAVSELECTED − ConvR 调整为 WAVSELECTED − ConvR + WAVNUM 或者 WAVSELECTED − 1 调整为 WAVSELECTED − 1 + WAVNUM。如果 WAVSELECTED + 1 > WAVNUM 或者 WAVSELECTED + ConvR > WAVNUM，那么 WAVSELECTED + 1 调整为 WAVSELECTED + 1 − WAVNUM 或者 WAVSELECTED + ConvR 调整为 WAVSELECTED + ConvR − WAVNUM。

6.3.2　算法执行步骤

步骤 1：对于一个新到达的 BCP，记录 BCP 中关于对应 BDP 的目的地址、波长编号、包长信息和偏置时间。

步骤 2：以 BDP 的波长编号为中心波长编号，计算其 CS，并根据目的地址查询对应输出端口中的波长使用情况。如果有数据信道可用，那么转步骤 3；否则转步骤 4。

步骤 3：根据 BDP 的包长信息和偏置时间信息采用 LAUC 算法选择 CS 中的数据信道；并更新该端口的波长使用情况。

步骤 4：丢弃该 BCP。

6.3.3　仿真结果及分析

1. 仿真环境

本章设置了一个具有 6 个边缘节点和 3 个核心节点的 OBS 网络环境，如图 6-8 所示。其中，3 个核心节点具有有限波长转换能力。由边缘节点产生的可变长度的突发包通过 LAUC 调度算法后，发送到对应的核心节点，最后由核心节点转发到其目的边缘节点中。

2. WAVNUM = 8，ConvR = 1、2、3、4 条件下 FF 与 NWF 的性能比较

图 6-9 是在每个光纤的波长数为 8，波长转换范围分别为 1、2、3、4 的条件下，分别基于 FF 和 NWF 波长转换方式的 LAUC 算法的平均拥塞概率。在这种波长数较少，波长转换度也较小的条件下，OBS 网络很容易变得拥塞。仿真结果表明，在这种条件下，FF 和 NWF 波长转换方式的性能接近。

3. WAVNUM = 64，ConvR = 2、4、6、8 条件下 FF 与 NWF 的性能比较

图 6-10 是在每个光纤的波长数为 64，波长转换范围分别为 2、4、6、8 的条件下，分别基于 FF 和 NWF 波长转换方式的 LAUC 算法的平均拥塞概率。仿真结果表明，在波长数较大，而波长转换度较小的条件下，FF 和 NWF 波长转换方式的性能接近。

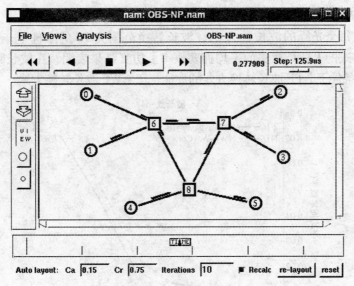

图 6-8　仿真网络拓扑

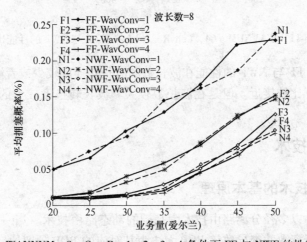

图 6-9　WAVNUM = 8，ConvR = 1、2、3、4 条件下 FF 与 NWF 的性能比较

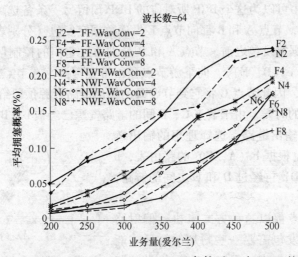

图 6-10　WAVNUM = 64，ConvR = 2、4、6、8 条件下 FF 与 NWF 的性能比较

4. WAVNUM = 64，ConvR = 16 条件下 FF 与 NWF 的性能比较

图 6-11 是在每个光纤的波长数为 64，波长转换范围为 16 的条件下，分别基于 FF 和 NWF 波长转换方式的 LAUC 算法的平均拥塞概率。仿真结果表明，在波长数较大，而波长转换度也较大的条件下，FF 波长转换方式的性能优于 NWF 波长转换方式。

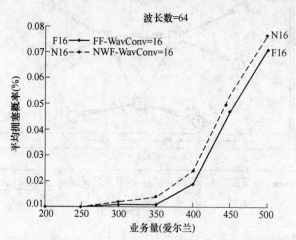

图 6-11　WAVNUM = 64，ConvR = 16 条件下 FF 与 NWF 的性能比较

仿真结果表明：FF 与 NWF 的性能在波长数和波长转换度较少或者波长数较大但是波长转换度较少的条件下比较接近。但是在波长数较大和波长转换度较大的条件下，FF 的性能优于 NWF。

6.4　偏射路由技术

6.4.1　偏射路由技术的基本原理

偏射路由是一种以多径分离路由技术为基础的动态路由技术。当一个 BCP 到达 OBS 核心节点时，如果由于资源冲突导致该 BCP 无法为其对应的 BDP 预留原定路由的输出端口中的波长，那么偏射路由可以为这个 BCP 所对应的 BDP 预留另一条备选路由的输出端口中的波长。如图 6-12 所示，节点 A 和 B 都向节点 E 发送数据突发包（分别表示为 b（A，E），b（B，E）），在发送数据突发包之前，节点 A 和 B 分别通过它们的控制信道发送控制包（分别表示为 c（A，E），c（B，E）），向下游节点预留带宽资源。在节点 C，由于 c（B，E）比 c（A，E）早到达，因此节点 C 将它到节点 E 的输出链路资源预留给了 b（B，E）。当 c（A，E）到达节点 C 的时候，由于节点 C、E 间的链路资源已经被 b（B，E）占用，因此节点 C 搜索其他的空闲输出链路，选择理想的输出链路来偏射 b（A，E）。根据 b（A，E）的路由表，b（A，E）传送到节点 D，再经过 D 和 E 之间的链路，到达节点 E。

网络中的每个节点都以这种方式来执行偏射路由。不过被偏射的突发包需要一些附加的时延才能到达目的地。在偏射路由中，可以把空闲的光链路

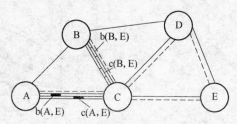

图 6-12　偏射路由示意图

作为光纤延迟线（FDL）来缓存被阻塞的数据突发包，将被阻塞的突发包分发到尚未使用的链路上去，从而提高链路的利用率和整个网络的性能。在偏射路由中一旦突发进入网络就尽力将它发往目的节点，出现竞争时不是简单地丢弃，在大多数情况下偏射路由比重发代价小。在长距离链路中，重发时延很大。在高速、带宽丰富的光网络中，与每个节点的处理时间相比，传输时延变得十分突出，偏射路由可以降低重发时延，从而提高整个网络性能。

对于无条件的偏射路由，偏射路由是假设默认输出链路被占用时，其他大多数链路空闲并可用作偏射路由。当网络流量负荷比较低的时候，偏射路由能大大地降低数据阻塞率。但是当负荷增加时，可使用的空闲链路减少，偏射流量可能占用正常流量的带宽而影响正常流量的传输，此时偏射路由的丢包率可能高于不使用偏射路由时的丢包率。

6.4.2　基于 AIMD 控制的偏射路由技术

1. 偏射路由技术的不稳定性

偏射路由技术虽然能在一定程度上解决突发包之间的资源冲突，但是当网络的业务量具有突发性的时候，它往往会使得网络的性能（尤其是网络的吞吐量）变得不稳定。图 6-13 形象地说明了偏射路由技术的这个缺点。

当突发包的到达率在 33min 突然增加的时候，OBS 网络的吞吐量也随之增加。但是当突发包的到达率在 42min 恢复到原有水平的时候，OBS 网络的吞吐量比 33min 之前的情况要差。J. M. Fourneau 等在研究基于欧几里得路由算法（Eulerian Routing Algorithms）的收敛路由（Convergence Routing）时也报道了类似的观察结果。Kouji Hirata 等报道：如果单独采用偏射路由技术的 OBS 网络一旦发生了拥塞，那么网络的整体丢包率将会变得很高，甚至超过了没有使用偏射路由

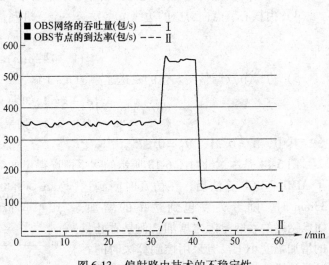

图 6-13　偏射路由技术的不稳定性

技术的情况下的测试结果。偏射路由技术之所以会让 OBS 网络的吞吐量变得不稳定，主要原因在于：当 OBS 网络产生拥塞的时候，采用偏射路由技术的核心节点会转发突发包，而这些突发包由于无法预留网络资源而被下一个核心节点继续转发，直到这些突发包能预留到网络资源或者超时后被丢弃。所以，这些被转发的突发包实际上加重了 OBS 网络的拥塞情况。

Kouji Hirata 等为了解决偏射路由技术的缺点，设计了一种根据 OBS 网络拥塞情况主动丢包的策略，即核心节点自主地通过本地信息检测当前的拥塞情况，然后根据检测结果以一定的概率丢弃被偏射路由技术转发的突发包。Basem Shihada 等则通过来自 OBS 网络核心节点的显式的通知信息，来调整用户网络中 TCP 发送端的拥塞控制参数，使得 TCP 的拥塞窗

口大小发生改变。J. M. Fourneau 在处理收敛路由的偏射路由技术时，采用了 AIMD 控制算法，本章在处理 OBS 网络的偏射路由技术时也借鉴这个思路。

2. AIMD-NBCP 控制算法

本章为了解决偏射路由技术导致 OBS 网络吞吐量不稳定的缺点，提出了针对偏射路由技术的 AIMD-NBCP 控制算法。AIMD-NBCP 的基本思想：通过统计 OBS 核心节点中 BCP 的数量来估计目前核心节点处的平均负载，然后根据负载估计值来调整 OBS 边缘节点中突发包的发送速率。算法具体步骤如下：

1）在每个采样周期 $[(n-1)\tau, n\tau]$ 内统计 BCP 的数量 Sample_BCP(n)。采样周期以当前 TCP Sender 的 RTT 时间为单位。

2）根据 BCP 数量的采样值估算当前 OBS 核心节点中 BCP 的数量 BCP(n)。估算公式为

$$\text{BCP}(n) = \beta \cdot \text{BCP}(n-1) + (1-\beta) \cdot \text{Sample\_BCP}(n) \tag{6-1}$$

式（6-1）中 β 参数的取值范围在 $0 \sim 1$ 之间，本章计算过程中 $\beta = 0.8$。

3）估计目前 OBS 核心节点的平均负载 $\rho(n)$。估算公式为

$$\rho(n) = \frac{\text{BCP}(n)}{\sum_{i=1}^{N} W_i} \tag{6-2}$$

其中，N 表示核心节点的光纤数目，W 表示每个光纤支持的波长数。

4）由核心节点向对应的边缘节点发送一个二进制信息 $y(n)$。

$$y(n) = \begin{cases} 0, & \text{如果 } \rho(n) < 1 \\ 1, & \text{如果 } \rho(n) \geq 1 \end{cases} \tag{6-3}$$

5）边缘节点调整突发包的发送速率 $x(n+1)$。

$$x(n+1) = \begin{cases} A_I + x(t), & \text{如果 } y(n) = 0 \\ M_D \cdot x(t), & \text{如果 } y(n) = 1 \end{cases} \tag{6-4}$$

其中，$A_I = 0.31$，$M_D = 0.875$。

图 6-14 是本章针对图 6-13 所示的网络情况得出的简单仿真结果。仿真结果表示：采用了 AIMD-NBCP 算法后，在仿真时间到达 33min 时，随着突发包到达率的增加，OBS 网络的吞吐量随之增加，但是吞吐量的增加幅度小于没有采用控制算法时的吞吐量的增加幅度。主要原因是，当突发包到达率增加时，OBS 网络很快进入拥塞状态。AIMD-NBCP 算法会通知边缘节点降低突发包的发送速率，以控制当前网络中突发包的数量。在仿真时间到达 42min 的时候，OBS 网络的吞吐量虽然比 33min 之前略有下降，但是远远优于没有采用控制算法的情况。这个简单的仿真说明了本章给出的 AIMD-NBCP 控制算法能够修正偏射路由技术的不足。

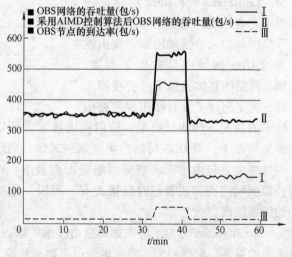

图 6-14　采用 AIMD-NBCP 控制算法前后 OBS 网络吞吐量性能的对比

3. 仿真结果及分析

（1）仿真环境

为了进一步验证 AIMD-NBCP 控制算法的性能，本章选择 NSFNET 网络作为仿真网络，并在其基础上做了相关的修改以适合 OBS 网络的特点。如图 6-15 所示，修正后的 NSF-NET 是一个具有 14 个边缘节点、14 个核心节点和 21 条双向光纤链路的 OBS 网络，并且每个光纤支持 10 个波长信道。

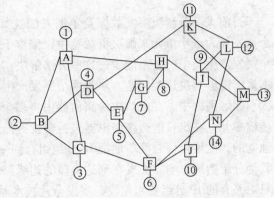

图 6-15　修正后的 NSFNET 网络

除此之外，本章假设核心节点不具备波长转换能力，也不配置基于 FDL 的光缓存器。在仿真开始后，边缘节点之间会发送包长相同的突发包，并且突发包会以到目的节点的最短路径作为原始路由。一旦出现资源冲突，那么其中一个或者多个突发包将会被偏射路由转发到另一条与原始路由分离的路由上继续传输。

（2）归一化 Good-put 性能比较

归一化 Good-put 的定义为

$$\text{Goodput} = \frac{\sum G_i}{\sum T_i} \tag{6-5}$$

式中，$\sum G_i$ 表示 Good-put 连接的总数；$\sum T_i$ 表示发送突发包的总数。

仿真结果如图 6-16 所示。

（3）突发包丢失率的性能比较

图 6-17 是采用 AIMD-NBCP 控制算法前后，OBS 网络中突发包丢失率的性能比较。

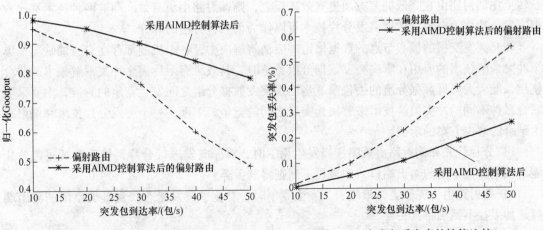

图 6-16　归一化 Good-put 性能比较　　　　　图 6-17　突发包丢失率的性能比较

仿真结果表明：采用 AIMD-NBCP 控制算法后，OBS 网络在 Good-put 和突发包丢失率方面的性能都得到了提高。因此，AIMD-NBCP 控制算法是一种适合 OBS 网络中偏射路由技术的控制算法。

6.5　突发分片技术

目前大部分解决突发数据竞争的方法（如光缓存、波长转换和偏射路由等）都是将单个突发作为最小单元来解决资源竞争，偏重于如何减少突发的损失而不是分组的损失。当两个突发产生竞争时若不能通过这些方法解决，其中一个突发就要被整个丢弃，而突发分片技术恰恰能够解决这类问题。尽管两个突发产生冲突的重叠部分非常小。

OBS 网络中，在入口边缘路由器中将多个 IP 分组汇聚组装成一个突发，作为一个基本传输单元，在出口的边缘路由器进行突发拆分还原成多个 IP 分组。IP 分组在突发中是各自独立的，汇聚仅仅是简单地把 IP 分组组合到一起。因此，如果丢弃一部分 IP 分组并不会对其他分组造成影响。突发在到达出口的边缘路由器后被还原成各自独立的 IP 分组，接收端只对丢弃的 IP 分组要求重发，突发分片技术就是采用这种思想。

但是在突发发生竞争时，即使两个突发重叠部分很小，也要将整个突发丢弃。为了解决 OBS 这个缺陷，提出了分片的概念，将突发分成一些更小的传输单元叫做片（Segment），每片由一个或者多个分组组成，片是突发的基本分离单元。当竞争发生时，仅仅与其他突发相重叠部分的片才会被丢弃。突发分片技术可以与偏射路由一起使用来降低分组丢弃率，提高整个网络的性能。

6.6　多种冲突消解技术的联合

A. Zalesky 等在比较了有限范围波长转换（Limited Wavelength Conversion）、偏射路由和数据突发分片技术的性能。他们的结论是，在最大波长转换度足够大的条件下，有限范围波长转换比偏射路由在降低拥塞方面更有效。反之，则偏射路由更有效。而这两种技术都比数据突发分片技术有效。数据突发分片技术可以作为前两种方法的补充。

在光突发交换的核心节点的数据信道冲突消解解决中，各个机制都存在自身的缺陷，单个冲突消解技术的应用在解决突发数据分组竞争时，其效果有限，多个冲突消解技术的联合使用，能大大降低数据分组的丢包率。当出现突发数据分组之间发生竞争的时候，主要采取联合多种不同的冲突消解技术来解决光突发之间的竞争。下面是一个突发分片技术和偏射路由结合的解决方案的示例：

1）分片优先和偏射路由策略：当发生竞争时，对原突发进行分片，然后看其尾部分片能否找到其他空闲的输出端口，如果找不到则将其丢弃。

2）偏射路由优先和丢弃策略：当发生竞争时，看竞争突发能否找到其他空闲的输出端口，如果找不到则将其丢弃。

3）偏射路由优先、分片和丢弃策略：当发生竞争时，如果能找到其他空闲的输出端口则将竞争突发偏射路由出去，否则对原突发进行分片并丢弃尾部，保证竞争突发的正常传输。

6.7　本章小结

　　本章主要介绍了光突发交换网中几种主要的冲突消解方法：光缓存、波长变换、偏射路由和突发分片技术。在提高网络链路利用率的同时，要保证突发数据的正常传输，减少突发分组之间的竞争，在核心节点应该使用有效的冲突消解技术来解决可能的突发竞争。使用单一的冲突消解技术，解决冲突的效果是有限的，实际应用中应将几种冲突消解技术结合使用，以更好地解决光突发交换网中的冲突消解问题。

第 7 章　光突发交换网的路由技术

近十年来，随着计算机网络规模的不断扩大，路由技术在网络技术中已逐渐成为关键部分。由于无需使用保护线路，具有线路利用率高、成本低等优势，目前光互联网的路由技术倾向于在 IP 层而非物理层进行。因此，各种基于 IP 的网络层路由协议就成为光突发交换网络路由技术研究的重点。本章介绍几种典型的路由协议，在此基础上重点分析适用于 OBS 网络的路由协议。

7.1　路由协议的分类

按照寻径算法的不同，路由协议可分为距离矢量路由协议和链路状态路由协议两种。

1. 距离矢量路由协议

距离矢量（V-D）路由选择算法可以确定网络中任意链路的方向与距离。相邻路由器之间周期性地相互交换各自的路由表备份。当网络拓扑结构发生变化时，路由器之间及时地相互通知有关变更消息。在这种算法中，路由器不可能获知整个网络确切的拓扑结构。概括地说，距离矢量算法要求每一个路由器把它的整个路由表发送给与它直接连接的其他路由器，路由表中的每一条记录都包括目标逻辑地址、相应的网络接口和该条路由的矢量距离等信息。当一个路由器从它的相邻节点那里收到更新信息时，它将更新信息与本身的路由表相比较。如果能从相邻节点找到一条以前不曾知道的新路由或是一条比当前路由更好的路由，路由器会对自己的路由表进行更新，将从自己到相邻节点间的矢量距离与更新信息中的矢量距离相加作为新路由的矢量距离。

2. 链路状态路由协议

链路状态路由协议是使用链路状态算法创建整个网络的准确拓扑，以计算路由器到其他路由器的最短路径，如 OSPF（Open Shortest Path First）、IS-IS（Intermediate System-Intermediate System）协议等。与距离矢量算法不同的是，链路状态算法需要每一个路由器都保存一份最新的关于整个网络的拓扑结构数据库。因此，路由器不仅清楚地知道从本路由器出发能否到达某一指定网络，而且在可到达的情况下，还能够选择出最短的路径以及使用该路径将经过哪些路由器。

链路状态算法使用链路状态数据包（LSP）、网络拓扑数据库、最短路径优先（SPF）路径选择算法和 SPF 树，最终计算出从该路由器到其他目标网络的最短路径，这些路径就构成了路由表。在算法中，需要给每个路由器一个唯一的名字或标识。每个路由器都将链路状态数据包发送给网络上其他的路由器，链路状态数据包的内容包括该路由器通过哪些网络与哪些路由器直接连接，以及相应连接的传输代价等信息。

此外，根据路由选择协议是运行在一个自治系统（AS）的内部还是运行在自治系统之间以连接不同的自治系统，路由选择协议可以分为内部网关协议（IGP）和外部网关协议（EGP）。这里的自治系统是指使用同一公共路由选择策略和同一公共管理下的网络集合。内部网关协议是用于在自治系统内部交换路由选择信息的路由选择协议，如 RIP、IGRP、EIGRP、IS-IS 和 OSPF 等协议。外部网关协议是用于在自治系统之间交换路由选择信息的路由选择协议，如 BGP 协议等。

7.2　典型路由协议

7.2.1　边界网关路由协议

BGP 是一种在 TCP/IP 网络中完成域间路由计算的协议，它是一种外部网关协议，是在多个 AS 域内或是域间对分组传输的路由进行选择和域间路由信息交换的协议。作为一种标准的外部网关协议，BGP 的目的就是为了解决大型互联网的路由选择问题。

两个可以在自治系统之间进行通信的 BGP 相邻节点必须存在于同一个物理链路上。位于同一个自治系统内的 BGP 路由器可以互相通信，以确保它们对整个自治系统的所有信息都相同，而且通过信息交换后，它们将决定自治系统内哪个 BGP 路由器作为连接点来负责接收来自自治系统外部的信息。

有些自治系统仅仅作为一个数据传输的通道，这些自治系统既不是数据的发起端，也不是数据的接收端。BGP 必须与存在于这些自治系统内部的路由协议打交道，以使数据能正确通过。

BGP 的路由刷新消息由"（网络号：自治系统路径）"所组成，每一个自治系统路径都是一系列自治系统的名字字符串，它记录了通向最终目标所经过的网络。BGP 的路由刷新消息通过传输控制协议（TCP）进行可靠传输。

两个路由器之间最初的数据交换的依据是整个 BGP 的路由选择表。随着路由表的不断变化，发送路由选择刷新消息的次数也越来越多。与其他一些路由选择协议有所区别，BGP 不要求对整个路由选择表进行周期性刷新，运行 BGP 的路由器保存了每一个路由选择表的最新版本。尽管 BGP 保持通向特定目标的所有路径的路由选择表，但在路由选择刷新消息中仅仅说明最佳路径。

BGP 可以实现 3 种类型的路由选择：域间自治系统的路由选择、域内自治系统的路由选择和穿梭式自治系统中的路由选择。

在不同自治系统的两个或多个 BGP 路由器间采用域间自治系统的路由选择，在这种系统中的对等路由器使用 BGP 路由协议来维护一个一致的互联网拓扑结构。不同 AS 中的 BGP 相邻节点必须属于同一物理网络才能通信。因特网由 AS 或者管理域所组成，这种域很多是属于研究机构、企业或其他一些社会实体，它们之间的相互连接构成了因特网，而 BGP 就为它们之间的相互通信提供路径决策和选择一条较优的路径进行数据传输。

在同一 AS 内的多个 BGP 路由器采用域内自治系统路由选择，在这种系统中的对等路由器也使用 BGP 来维护一个一致的互联网拓扑结构。BGP 也常用来判断哪一个路由器是作为该 AS 与外部 AS 通信的服务提供者，既可以作为域间路由选择协议也可以用于域内路由选择是 BGP 的优势所在。

两个或多个 BGP 对等路由器通过一个中间不使用 BGP 的系统相互交换信息时，将使用穿梭式自治系统中的路由选择。BGP 必须能与用于任何内部 AS 的域内路由协议交互作用，以保证 BGP 业务能成功地通过那个 AS 进行传输。

7.2.2　内部网关路由协议

众多 Internet 服务提供商在自治系统间普遍使用前面介绍的外部网关路由协议，在自治系统内部使用的路由协议却不尽相同，但都属于内部网关协议。

1. RIP 和 IGRP

路由信息协议（RIP）是一种基于 V-D 算法的简单动态路由协议，主要用于小型网络。V-D 算法的思想：网关周期性地向外广播路径刷新报文，主要内容是由若干（V-D）序偶组成的序偶表。（V-D）序偶中，V 代表“向量（Vector）”，标识该网关可以达到的信宿（网络或主机）；D 代表“距离（Distance）”，指出该网关去往信宿的距离，距离 D 按照路径上的路由段计数。其他网关收到某网关的（V-D）报文后，据此按最短路径原则对各自的路由表进行刷新。它通过 UDP 交换路由信息，每隔 30s 向外发送一次更新报文（将自己所有的路由表都发送给邻居）。如果路由器经过 180s 没有收到来自对方端的路由更新报文，则将所有来自此路由器的路由信息标志为不可达；如果在其后 120s 内仍未收到更新报文，就将该条路由从路由表中删除。

RIP 使用跳数来衡量到达目的网络的距离。路由器到与它直接相连网络的跳数为 0，通过一个路由器可达网络的跳数为 1，其余依此类推。为限制收敛时间，RIP 规定最大跳数为 15，高于此的都不可达，这是限制 RIP 不能用于大型网络的主要因素。

RIP 处于 UDP 的上层，RIP 所接收的路由信息都封装在 UDP 的数据报中，RIP 在 520 号端口上接收来自远程路由器的路由修改信息，并对本地的路由表做相应地修改，同时通知其他路由器。通过这种方式，达到全局路由的同步。

内部网关路由协议（IGRP）是一种在自治系统 AS 中提供路由选择功能的路由协议。在 20 世纪 80 年代中期，最常用的内部路由协议是路由信息协议（RIP）。尽管 RIP 对于实现小型或中型同机种互联网络的路由选择是非常有用的，但是随着网络的不断发展，其受到的限制也越加明显。思科路由器的实用性和 IGRP 的强大功能性，使得众多小型互联网络组织采用 IGRP 取代了 RIP。早在 20 世纪 90 年代，思科就推出了增强型 IGRP，进一步提高了 IGRP 的操作效率。

为具有更大的灵活性，IGRP 支持多路径路由选择服务。在循环（Round Robin）方式下，两条同等带宽线路能运行单通信流，如果其中一根线路传输失败，系统会自动切换到另一根线路上。多路径可以是具有不同标准但仍然有效的多路径线路。例如，一条线路比另一条线路优先 3 倍（即标准低 3 级），那么意味着这条路径可以使用 3 次。只有符合某特定最佳路径范围或在差量范围之内的路径才可以用做多路径。

RIP 和 IGRP 路由协议都是较早期推出的距离矢量路由协议，都存在一些缺点，不适于在大型网络使用。随着网络规模不断扩大，需要运行更加高效的路由协议。

2. EIGRP 协议

增强的 IGRP 协议（EIGRP）是思科公司开发的增强型版本的 IGRP 路由协议，仍然属于距离矢量路由协议，但是它却又具有链路状态路由协议的一些特性，也维护邻居表、拓扑数据库，并且在它的拓扑数据库中维护着多条可选最佳路径，如果最佳路径失效，不用经过任何复杂的算法，EIGRP 仅需要进行简单的比较之后就可以将冗余路径提升为当前最佳路径，并装载到路由表中，这个特性使得 EIGRP 收敛速度非常快，并且支持在等开销和非等开销的路径上进行负载均衡。

EIGRP 并不是定期发送路由更新信息，只有在拓扑结构有变化时才发送，并且也不是发送整个路由表，而是只发送有变化的链路的状态；而且 EIGRP 并不使用广播发送路由信息，而是使用组播，从而减少了带宽的消耗。

尽管 EIGRP 在一定程度上进行了开放，但它最大的局限性仍在于它是思科公司特有的路由协议，网络上必须都是思科公司的路由器，其他厂商生产的路由设备并不能在运行 EIGRP 的网络上正常工作。所以在城域网甚至是国家级的大型网络上，并不适合运行 EIGRP 路由协议。

3. IS-IS 协议

IS-IS 协议也是一种内部网关路由协议，用于在骨干网内部起连通骨干、选径、负载均衡和自动迂回的作用。IS-IS 协议是在 ISO10589 中定义的，仅支持对 CLNP 的路由。CLNP 是 OSI 网络层协议，用于在无连接的链路上携带上层数据。集成化的 IS-IS 是扩展版本的 IS-IS 协议，用于 ISO CLNP 和 IP 混合的环境中。它既可用于单纯的 IP 路由，又可用于单纯的 ISO CLNP 路由，还可用于两者的混合路由。在链路状态数据包中使用 TLV 参数携带信息，正是 TLV 使得 IS-IS 协议可以扩展，并且可以在 LSP 中携带不同类型的信息。和 OSPF 协议一样，IS-IS 协议也是使用组播发布路由更新信息，并且也是只有当链路状态有变化时才会发布路由更新，而不是定时地发送。

IS-IS 协议主要有以下局限性：

1）IS-IS 协议中没有 NBMA 网络的概念。这样 IS-IS 协议支持的网络类型比 OSPF 协议要少，不如 OSPF 协议灵活，仅支持两种物理链路：广播特性多路访问（BMA）的介质类型和点对点类型。

2）即使在纯 IP 路由的环境中，仍然需要配置 CLNS（无连接网络服务）参数（每个 IS-IS 路由器都需要有 ISO 地址，SPF 算法需要使用所配置的地址来标识路由器），路由器仍然需要建立 CLNS 邻居关系（即需要使用 OSI 协议才能在路由器之间建立邻居关系），并使用 CLNS 数据包。

3）IS-IS 使用一个仅有 6bit 的度量值，严重限制了与它进行信息交换的能力。而且链接状态也只有 8bit 长，路由器能通告的记录只有 256 个。

4）还有一个非技术问题，即是 IS-IS 受 OSI 约束，与 OSPF 相比它的发展比较缓慢。

4. OSPF 协议

OSPF 路由协议是由 Internet 工程任务组（IETF）在 RFC 1583 中定义的，是一种基于 SPF 算法的路由协议。OSPF 协议没有使用路由器跳数，所以对网络直径没有限制。OSPF 协议是一个开放标准，并不被某个设备厂商所独自拥有，各个厂商生产的路由设备只要支持该路由协议，就可以进行互操作。这也正是 OSPF 协议被广泛使用的原因之一。

（1）OSPF 协议的基本原理

因特网中包含许多称为自治系统的路由域，即 AS，它是指一组使用统一的路由政策（路由协议）互相交换路由信息的网络。在 AS 之间通常使用边界网关协议 BGP，而在每个 AS 内部，通常使用 OSPF 或 IS-IS 等协议。OSPF 协议是目前使用较多的协议。使用 OSPF 协议时，所有的 OSPF 路由器都维护一个相同的描述该 AS 拓扑结构的数据库，所述数据库中存放的是该 AS 系统中每条网络链路的状态信息。每台 OSPF 路由器就是使用这个数据库的信息，采用 SPF 算法（也称 Dijkstra 算法）来计算从本路由器到达各目的网络的最短路径。得到的最短路径标明了到达各目的网络地址的最佳下一跳路由器，将下一跳路由器的 IP 地址填入 IP 路由表中。虽然每个路由器都是从自己的角度寻找到达各自目的网络的最短路径，但由于它们都拥有相同的拓扑数据库，所以最短路径都是一致的。OSPF 协议计算中使用的距离是一个无单位的度量值，它可以根据管理和技术的需求来选取，例如，该值可以直接反映使用接口的实际费用或者是接口的网络带宽等。一般情况下，链路度量值取 10^8 除以带宽得到的值，如 10Mbit/s 以太网链路度量值为 10，100Mbit/s 快速以太网的度量值为 1。

OSPF 的实现包括以下 4 个步骤：

① 初始化形成端口初始信息。在路由器初始化或网络结构发生变化（如链路发生变化、路由器新增或损坏）时，相关路由器会产生链路状态广播（LSA）数据包，该数据包包含路由器上所有相连接的链路，即所有端口的状态信息。

② 路由器间通过泛洪法（Flooding）交换链路状态信息。各路由器一方面将其 LSA 数据包传送给所有与其相邻的 OSPF 路由器，另一方面接收其相邻的 OSPF 路由器传来的 LSA 数据包，更新自己的数据库。

③ 形成稳定的区域拓扑结构数据库。OSPF 路由协议通过泛洪法逐渐收敛，形成该区域拓扑结构的数据库，这时所有的路由器均保留了该数据库的一个副本。

④ 形成路由表。所有的路由器根据区域拓扑结构数据库的副本采用最短路径法，计算形成各自的路由表。

（2）OSPF 结构模型

路由器要进行路由选择，就必须维护一个路由表，OSPF 把路由表称为路由数据库（Route Database）。由于 OSPF 是基于链路状态的路由协议，所以一旦发现某个路由器的状态发生改变，就要运行一次 SPF 算法，产生新的路由，各个路由器更新路由数据库。当网络的规模比较小时，计算一次路由很快完成；而在大型网络中，根据 OSPF 路由协议的特点，如果整个网络只有一个区域，每个路由器中存放的整个网络的拓扑数据库将会非常大。一旦某条链路状态发生改变，将迫使区域内部的所有路由器都需要重新计算自己的最短路径树，这将消耗大量的 CPU 和内存资源。

所以在大型网络中，通常会将整个网络分成多个区域进行管理。分成区域后，如果有链路状态发生改变，则只有该区域内的路由器需要更新拓扑数据库，并重新计算最短路径树。而该区域之外的路由器却不受影响，这样就减小了链路状态变化带来的影响，而且减少了需要传送的链路状态广播信息，大大节省了网络带宽。因此，OSPF 协议采用分层的模型，一个 AS 被 OSPF 协议分成数个区域，各个区域之间存在层次关系的示例如图 7-1 所示。

图 7-1 中每个虚线框就是一个区域，路由器 A、B、C 在区域 0，路由器 B、D、E 在区域 1，路由器 C、F 在区域 2。其中，路由器 B、C 都同时属于两个区域，这样的路由器称为区域边界路由器（ABR）；路由器 A 通过 Internet 与其他 AS 相连，这样的路由器称为自治系统边界路由器。通过这样的层次结构，当某台路由器的状态发生改

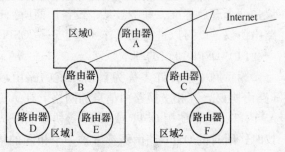

图 7-1　OSPF 协议层次结构示例

变时，就只在它所在的区域重新计算路由，这个新路由的计算对该区域外的路由器是透明的。而区域以外的路由数据库只需由 ABR 来保存，自治系统边界路由器（ASBR）则还需要存储到达其他 AS 的路由。这种策略减少了每个路由器运行 SPF 算法时需要计算的路由信息量，从而保证了在网络拓扑发生变化时，OSPF 能以最快的速度完成收敛，获得正确的路由信息。

OSPF 协议中规定的区域类型有以下几种：

① Backbone Area：骨干区域，也就是区域 0。所有的非骨干区域必须通过骨干区域才能互相通信。这也是 OSPF 协议的一个缺点，它导致了骨干区域的压力非常大，从而限制了 OSPF 协议的扩展性。

② Stub Area：非骨干区域。此区域不接收外部的链路状态广播信息（是由 ASBR 产生的，用于出此自治域的路由），但是仍然接收 ABR 发送的汇总的链路状态广播信息。

③ Totally Stubby：内部区域。此区域不接收汇总的和外部的链路状态广播信息。

作为整个网络的骨干区域，"区域 0"必须存在，且必须唯一存在。其他非骨干区域必须和骨干区域相连（通过物理连接或通过思科公司的技术虚拟连接均可以），非骨干区域之间只能通过骨干区域相互通信。

根据以上区域的划分情况，可以将路由器按作用不同进行分类：

① 内部路由器（Internal Router）：所有端口都在同一个区域中的路由器。

② 骨干路由器（Backbone Router）：所有端口都在区域 0 中（可以是内部路由器或区域边界路由器）。

③ 区域边界路由器：用于连接不通区域，也就是端口在不同的区域中。区域边界路由器将为它所连接的每个区域维持各自不同的拓扑数据库。

④ 自治系统边界路由器：用于连接运行其他路由协议的区域。ASBR 的位置很重要，应该位于区域 0 中。

（3）OSPF 协议的帧格式

OSPF 路由协议的数据帧格式如图 7-2 所示。

OSPF 协议的帧头长 24B，包含如下 8 个字段：

1）版本号：描述 OSPF 路由协议版本。

2）类型：OSPF 协议数据包类型，共有 5 种 OSPF 协议
数据包类型。

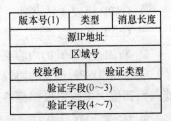

图 7-2　OSPF 路由协议的数据帧格式

3）消息长度：用于描述整个帧的长度。

4）源 IP 地址：用于描述数据包的源 IP 地址，共 32bit。

5）区域号：用于描述 OSPF 协议数据包所属的区域号。

6）校验和：用于标记数据包在传递时有无误码。

7）验证类型：0 表示不验证，1 表示简单密码验证。

8）验证字段：包含 OSPF 协议验证信息，共 8B。

其中，在类型字段中，OSPF 协议数据共有以下 5 种：

① Hello：携带的信息很少，用于发现和维持邻居关系，以及选举指定路由器和 BDR 备份指定路由器。该数据包周期性发送。

② 数据库描述（DD）：用于描述整个网络拓扑数据库，协商双方主从关系。该数据包仅在 OSPF 初始化时发送，发送时相邻两路由器中一个作主端，一个作从端。

③ 链路状态请求（LSR）：用于向相邻的 OSPF 路由器请求部分或全部数据。该数据包在路由器发现其数据已过期时才发送。

④ 链路状态更新（LSU）：更新全部 LSA 内容。这是对 LSR 数据包的响应。

⑤ 链路状态确认（LSAck）：对 LSA 进行确认。

（4）OSPF 协议的邻居状态机

OSPF 协议的邻居状态机如图 7-3 所示，实现状态转移。其中各状态的含义如下：

① Down：孤立状态，即没有向外发送报文，也没有接收对方的报文。

② Attempt：对外发送 Hello 报文状态。

③ Init：单通状态，即已收到对方的 Hello 报文，但对方没有收到本方的 Hello 报文。

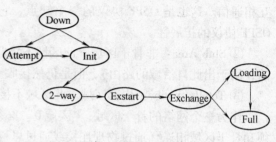

图 7-3　OSPF 协议的邻居状态机

④ 2-way：双通状态，表示双方建立邻居关系。

⑤ Exstart：准启动状态，读取前两个 DD 报文。

⑥ Exchange：交换状态，确立主从关系，交换描述本地链路状态数据库（LSDB）摘要。

⑦ Loading：装载状态，装载 LSDB。

⑧ Full：同步状态，双方的 LSDB 已达到同步。

（5）OSPF 协议特点

1）OSPF 路由选择协议有以下主要特点：

① OSPF 协议支持多种度量方式，包括物理距离、延迟等。

② OSPF 是动态算法，能自动、快速地适应网络环境的变化。

③ 新加进 OSPF 的内容必须支持基于服务类型的路由选择。

④ 基于 OSPF 开发的协议必须有负载均衡功能，将负载分流到多条线路上，改善网络性能。而其他大多数协议都是将所有分组经最佳路径发送，次优路径则完全不用。

⑤ OSPF 协议具有分级系统支持能力。目前因特网已十分庞大，网上没有哪个路由器了解整个网络拓扑结构，OSPF 算法则能使路由器适应这种网络规模的变化，这是因为 OSPF 协议允许一个网络被划分为若干个区域，每个区域都是自包容的（Self-contained），并作为一个整体与外界通信。

2）OSPF 协议的优点可以归纳如下：

① OSPF 协议是真正的无路由自环（Loop-Free）的路由协议。这是由算法（链路状态及最短路径树）本身的优点决定的。

② OSPF 算法收敛速度快，能够在最短的时间内将路由变化传递到整个自治系统。

③ OSPF 算法提出了区域划分的概念，将自治系统划分为不同区域后，通过区域之间对路由信息的交换，大大减少了需传递的路由信息数量，使得路由信息不会随网络规模的扩大而急剧膨胀。

④ OSPF 协议将自身的开销控制到最小。主要表现在：

a. 用于发现和维护邻居关系的是定期发送、不含路由信息的 Hello 报文，非常短小。包含路由信息的报文是触发更新机制，仅在有路由变化时才发送。但为了增强协议的鲁棒性，每 1800s 全部重发一次。

b. 在广播网络中，使用组播地址（而非广播）发送报文，减少了对其他不运行 OSPF 的网络设备的干扰。

c. 在各类可以多址访问的网络中（广播、NBMA 等），通过选举指定路由器，使同一网段内路由器之间 LSDB 的次数由 $O(n^2)$ 减少为 $O(n)$。

d. 在区域边界路由器上支持路由汇总，进一步减少区域间的路由信息传递。

e. 在点到点接口类型中，还可以使 OSPF 不再定时发送 Hello 报文及定期更新路由信息，只在网络拓扑真正变化时才发送路由更新信息。

⑤ 通过严格划分路由的级别（共分 4 级），提供更可信的路由选择。

⑥ OSPF 支持基于接口的明文及 MD-5 验证，具有良好的安全性。

⑦ OSPF 适应各种规模的网络，最多可达数千台路由器。

7.3　OBS 路由协议帧格式及流程

迄今为止还没有标准的 OBS 路由协议帧格式。在 OBS 网络中，由于数据信道与控制信道分离，简化了突发数据包交换的处理，而且控制包长度非常短，因此使高速处理得以实现，所以 OBS 网络结构非常适合应用于承载未来高突发业务的因特网中。OBS 网络主要定位于大型的核心骨干网络，由于基于 JET 协议的 OBS 网络具有源地址选路的特点，在没有光缓存的情况下，要求发起路由的节点必须能获取整个网络的拓扑信息，非常类似于分区域自治的 OSPF 区域。下面借鉴 OSPF 协议在自治区域内的路由方式，引出 OBS 中的路由协议构建方式。

7.3.1　OBS 路由协议帧格式

本章的路由协议帧包括 4 类帧，格式如图 7-4～图 7-7 所示：

1. Hello 帧（用于邻居节点间的判定）

2. 链路状态数据库分组（用于节点接入时链路状态数据的初始化）

同步带 (7B)	帧开始 (1B)	帧长度 (1B)	帧类型 (1B)
发送节点号 (1B)	初始化标识 (1B)	链路状态信息 (1B)	分组编号 (2B)

图 7-4　Hello 帧格式

同步带 (7B)	帧开始 (1B)	帧长苏 (1B)	帧类型 (1B)
发送节点号 (1B)	链路状态信息 宣告节点 (1B)		链路信息时 间标签 (2B)
链路连通 状态 (4B)	链路状态 信息值 (1B)	预留空间 (2B)	分组编号 (2B)

图 7-5　链路状态数据库分组帧格式

3. 链路状态分组（包含节点链路状态信息的分组）

4. 应答帧（向发送节点发送确认信息）

同步带 (7B)	帧开始 (1B)	帧长度 (1B)	帧类型 (1B)
发送节点号 (1B)	链路状态信息 宣告节点 (1B)	链路信息时 间标签 (2B)	
链路连通 状态 (4B)	链路状态 信息值 (1B)	分组编号 (2B)	

图 7-6　链路状态分组帧格式

同步带 (7B)	帧开始 (1B)	帧长度 (1B)	帧类型 (1B)
应答节点号 (1B)	确认宣告 节点号 (1B)	确认分组 编号 (2B)	

图 7-7　应答帧帧格式

在上述帧格式中，同步带和帧开始是用于判断一个路由信息数据包的开始，帧长度是帧长度以下的所有字节数总和。帧类型是用来区别到底是哪类帧，定义 Hello 帧的帧类型为00，链路状态数据库分组为01，链路状态分组为02，应答帧为03，发送节点号指明发出路由信息的节点号。初始化标识是用来判断是否是新接入的节点，若是就为00，若不是就为01。链路状态信息值的计算方式是 10^8/链路带宽。分组编号是每发一次帧，都要有一个唯一的编号，当目的节点成功接收到协议帧以后，返回一个源节点分组编号的信息的应答，源节点就可以根据编号信息判断所有发出帧的到达情况，定义 Hello 帧分组编号最高位为 0，链路状态数据库分组（Database）为 1，链路状态分组（LS）为 2。链路连通状态是用来记录节点之间的连通情况，如果节点 1 和节点 2 连通最高位置 1，节点 1 和节点 3 连通次高位置 1，依此类推。预留空间是为了记录新信息而准备的。

7.3.2　OBS 路由协议流程

流程包括以下几点：

1）当一个节点接入时，就向所有相邻的节点发送 Hello 帧。接收到 Hello 帧的节点如果判定节点是新接入的（初始化标识为0）或者 Hello 帧中的链路状态信息值发生了变化（和本地链路状态数据库分组中的状态信息值比较），则马上更新链路状态数据库，向发送节点发送这一更新后的链路状态数据库以及应答帧。同时，将链路状态数据库信息有变更这一情况生成以本节点为宣告节点的状态分组，将原状态分组中的时间标签加 1，再将这一分组向其所有相邻节点广播。如果本节点第一次宣告链路状态信息，则时间标签置 0。如果初始化标识为 1 且链路状态信息值没有发生变化就只返回应答帧。

2）收到链路状态数据库（Database）的节点保存这一帧内容到本地的链路状态数据库。

3）收到链路状态分组包的节点先查询本地节点链路状态信息数据库，判断是否存在相同宣告节点的状态分组信息。如果不存在，则将该分组加入链路状态信息数据库中，同时向所有相邻节点转发该分组；如果存在，比较两个分组的时间标签信息值。如果新到分组的标签值小于或者等于数据库中原标签信息值，则丢弃新分组；如果标签值大于数据库中原标签信息值，则更新数据库中的链路状态信息，同时向所有相邻节点转发该分组。

4）所有节点在接收到除了应答帧的其余三类帧之后都要向发送节点发送相应的应答帧。

7.4　OBS 路由协议的实现

本节介绍 OBS 路由协议实现过程的整体流程图，以及处理数据模块的子程序流程图。

7.4.1　整体流程图

OBS 路由协议程序实现的功能就是完成各类帧的接收、处理和发送。图 7-8 是 OBS 路由协议程序的整体流程图。

图 7-8 中接收数据模块是用来接收其他节点发送过来的路由协议数据。总程序不停地扫描，一旦扫描到同步带和帧开始，就将之后的数据接收，并保存至接收缓存模块。接收缓存模块是一个 8bit×256 的缓存器，附加一个读写控制子模块。当接收缓存模块输出使能有效后，处理数据模块将处理一个数据帧。此时，接收缓存器输出使能无效，直到处理数据模块处理完该数据帧后，接收缓存的输出使能重新有效。处理数据模块根据不同的

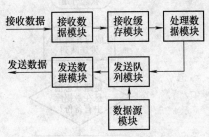

图 7-8　OBS 路由协议程序的整体流程图

帧类型分类处理各种数据帧。数据源模块用来产生 Hello 帧。数据处理结束后，各类新生成的数据帧以及数据源模块产生的 Hello 帧进入发送队列模块，最后通过发送数据模块输出。以上各类模块中，处理数据模块的功能实现最为复杂。它要求处理程序先判断数据帧的类型，然后按照该类数据帧的格式要求进行数据处理。下面着重介绍处理数据模块的工作流程。

7.4.2　处理数据模块子程序流程图

1. 处理 Hello 帧的子程序流程图

若接收到的路由数据帧的帧类型是 00，说明是 Hello 帧。图 7-9 是处理 Hello 帧的子程序流程图。

2. 处理链路状态数据库分组的子程序流程图

若接收到的路由数据帧的帧类型是 01，说明是链路状态数据库分组。图 7-10 是处理链路状态数据库分组的子程序流程图。

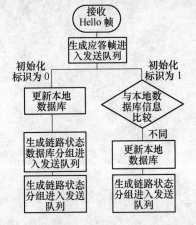

图 7-9　处理 Hello 帧的子程序流程图

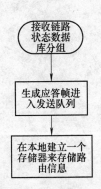

图 7-10　处理链路状态数据库分组的子程序流程图

3. 处理链路状态分组的子程序流程图

若接收到的路由数据帧的帧类型是 02，说明是链路状态分组。图 7-11 是处理链路状态分组的子程序流程图。

4. 处理应答帧的子程序流程图

若接收到的路由数据帧的帧类型是 03，说明是应答帧。图 7-12 是处理应答帧的子程序流程图。

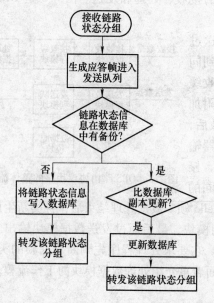

图 7-11　处理链路状态分组的子程序流程图

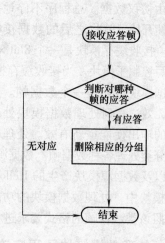

图 7-12　处理应答帧的子程序流程图

7.5　本章小结

本章介绍了路由协议的分类和几种典型的路由协议，详细分析了 OSPF 协议的基本原理，在此基础上，对适用于光突发交换网的路由协议及路由协议帧格式进行了讨论。

第8章 光突发交换网络的生存性技术

目前，由于 DWDM 技术的广泛应用，OBS 网络中单个光纤通道能承载的信息速率已经达到了 Tbit/s 的量级。而在实际的光网络工程中，一根连接两个核心节点之间的光缆往往包含几十个、甚至上百个光纤通道。所以，一旦由于人为施工失误、自然灾害等引起光纤通道或者光缆的损失或者完全破坏，那么损失的信息量是巨大的，由此造成的经济损失也难以估计。健壮的网络生存性是评价网络性能优劣的重要指标。光网络的生存能力是指当光网络中的光缆线路、节点设备在发生故障时，系统仍能自动地按照预先设定的规则或方案为业务提供替代的传输路由以确保业务能正常进行的能力。

8.1 OBS 网络的故障类型

8.1.1 OBS 网络故障的层次性

一个完整的 OBS 网络可以分为 IP 层、OBS 边缘节点层和 OBS 核心节点层。而每个网络层次都可能因为网络故障的发生，而导致整个 OBS 网络通信的损失或者中断。如图 8-1 所示，一个发生在 OBS 核心节点层的光纤链路故障将导致核心节点 C1 和 C2 之间的通信中断，也直接地影响了 IP 层中 IP 路由器 R1、R2 和 R3、R4 之间，以及边缘节点层 E1 和 E2 之间的通信。

在 OBS 边缘节点层和核心节点层中，除了光纤通道或者光缆，OXC 核心节点、光发送机、WDM 复用器、光放大器等光学器件或者电学处理器件都可能发生故障。而在 IP 层中，IP 路由器处理器、各类接口板卡等发生故障的频率也较

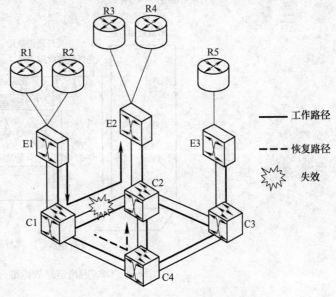

图 8-1 OBS 网络故障的层次划分

高。所以针对 OBS 网络的网络生存性研究是非常重要和必要的。

8.1.2 网络节点故障与网络链路故障

OBS 网络中的故障类型还可以归纳为网络节点故障和网络链路故障两类。如图 8-2 所示，网络节点故障指发生在 OBS 边缘节点或者 OBS 核心节点中的故障。一旦发生网络节点故障，那么与故障节点相邻的所有网络节点都无法与之通信。

图 8-3 所示为 OBS 网络链路故障。链路故障可能发生在 IP 路由器与 OBS 边缘节点之

间、OBS 边缘节点与 OBS 核心节点之间，以及一个 OBS 核心节点与另一个核心节点之间。对于 OBS 网络中的链路故障，还可以进一步细分为控制信道组（CCG）故障、数据信道组（DCG）故障、光纤通道故障和光纤链路故障，如图 8-4 所示。

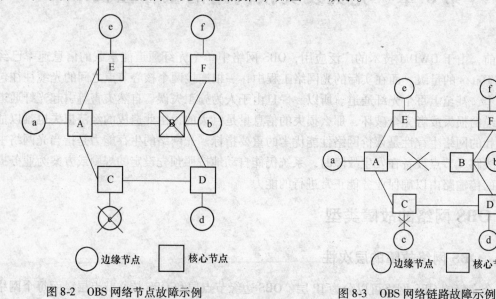

图 8-2　OBS 网络节点故障示例　　　　　　图 8-3　OBS 网络链路故障示例

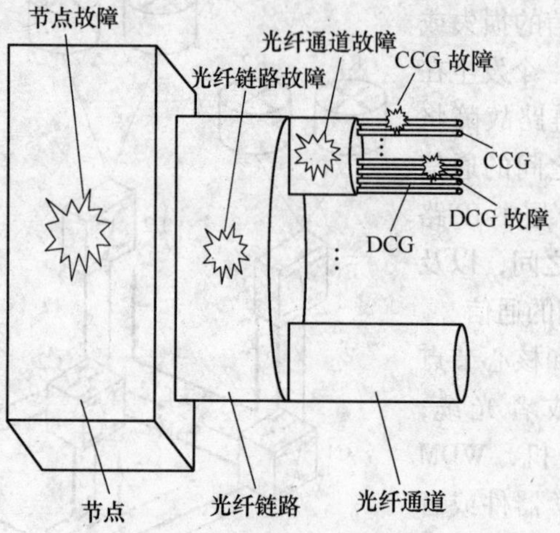

图 8-4　OBS 网络链路故障细分示意图

另外，OBS 网络链路故障还可以分为：单一故障（Single Failure）和多重故障（Multiple Failure）。本章不再进行进一步的介绍，并且限定本章讨论的 OBS 故障类型为单一故障类型。

8.2　OBS 网络故障检测与恢复技术的基本步骤

OBS 网络故障检测与恢复技术是 OBS 网络生存性研究的核心问题，近年来引起了广大 OBS 网络研究人员的关注。一般来说，OBS 网络故障检测与恢复分为 5 个基本步骤，如图 8-5 所示。第一个步骤是故障检测（Failure Detection）；第二个步骤是故障定位（Failure

Localization)；第三个步骤是故障通知（Failure Notification）；第四个步骤是恢复操作（Recovery Operation）；第五个步骤是返回原操作（Reversion）。一旦 OBS 网络的网管层检测到了故障的发生，那么当前的网络操作马上停止。故障定位机制会尽快确定故障发生位置以及故障类型。故障通知机制将故障位置、故障类型等信息通知网络管理层或者相邻的网络节点。然后网络管理层根据对应的信息执行相关的恢复操作。当恢复操作完成后，网络管理层继续故障发生前的操作。

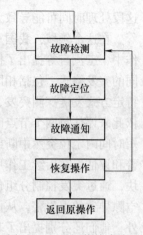

图 8-5　OBS 网络故障检测与恢复基本步骤

目前，绝大多数针对 OBS 网络故障检测与恢复技术的研究都集中在恢复操作这个步骤。恢复操作步骤又可以继续细分为 4 个具体的操作，如图 8-6 所示。它们分别是：备用资源计算（Backup Resource Computation）、备用资源预留（Backup Resource Reservation）、偏置时间调整（Offset Time Adjustment）和修复操作（Restoration Operation）或者业务恢复（Traffic Recovery）。恢复操作可以分为两类：保护（Protection）和修复（Restoration）。采用保护机制的 OBS 网络会提前计算出保护通道（或者备用通道）。一旦故障发生后，后续的业务传输会从原有通道切换到保护通道上。保护通道可以分为专属保护（Dedicated Protection）和共享保护（Shared Protection）两种类型。它们的区别在于保护通道上的资源是否能被其他保护通道共享。1 + 1 保护策略和 1 + X 保护策略是 OBS 网络中两种典型的保护策略。与保护机制不同，采用修复机制的 OBS 网络只有在故障发生后才根据当前网络资源的使用情况计算出备用通道。与前者相比，修复机制显然具有更高的网络资源利用率；缺点则是修复机制可能会花费较多的时间去计算和建立备用通道，因此不适合应用于时延敏感性业务。修复机制也可以分为两种类型：1）本地修复（Local Restoration）或者链路级修复（Link-level Local Restoration）；2）全局修复（Global Restoration）或者通道级修复（Path-level Global Restoration）。修复机制因为具有更高的资源利用率和更灵活的计算方式，因此是恢复操作方面的研究热点。

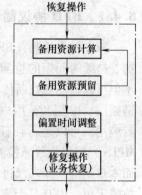

图 8-6　恢复操作步骤

8.3　OBS 网络故障检测与定位技术

一般来说，OBS 网络的故障检测与故障定位是分别处理的。其中，故障检测可以通过两种方式实现：1）传统的光信号检测方式，即查询是否存在"光丢失（LOL）"。它可以通过检测如信噪比、误码率、色散或者串扰等性能指标的衰减来获得。这种检测方式的优点是在物理层检测故障的发生，因此具有最快的故障检测速度。缺点是可能需要对每个波长信道进行检测，因此价格昂贵。2）控制层的协议检测，比如通过基于 GMPLS 协议的链路管理协议（LMP）或者类似的"Keep-alive"控制信息或者"Link-liveness"信息等。这种检测方式的优点是价格便宜，易于实现；缺点是协议检测必须在协议层完成，且往往需要多个处理步骤来交换相应的信息，因此从故障的发生到最后完成故障的检测可能经历较长的时间。而这段处理时间可能导致大量信息的丢失。

在这个领域，我国重庆邮电大学的王汝言等人做了一系列的工作。在他们的前期研究工作中，王汝言等提出了探测突发（PB）的概念。PB采用与OBS中的数据突发包（DB）相同的突发格式，包括相同的控制包格式和净荷格式。网元节点向数据信道周期性地或以某种特定方式发送探测突发，并在每个下一跳节点监测探测突发的误码情况，分析其误码特点，依此来评估每两个节点间的数据信道状态，判断被监测网络是否有故障发生。该机制能在很短时间内定位突然中断或恶化的故障信道，还可对所监视网络的老化等软故障进行有效的预警和评估。在后续工作中，他们提出了一种全新的故障监测机制。该机制使用告警过滤模块，通过突发控制分组包含的数据突发占据数据信道的时间信息有效过滤检测期间的长时间空隙导致的误告警，从而能使用监测数据信道光信号的有无来判别网络是否出现故障。此外，他们还分别提出了基于瞬时光功率监测的光突发交换故障发现机制和基于探测圈覆盖的故障监测机制。

8.4　基于 BFD 的 OBS 网络故障检测与定位技术

8.4.1　BFD 协议简介

双向转发检测（BFD）协议是一套用来实现快速检测的国际标准协议，提供一种轻负荷、持续时间短的检测，而且它适合所有的媒体类型、封装、拓扑结构和路由协议。BFD不但可以检测和判断传输链路、光接口和设备端口的中断故障，还可以检测和判断传输层、链路层、IP层乃至用户层存在的误码、丢包等软故障。而且BFD技术不依赖于其他协议或者应用，可以运行在任何层面，采用硬件实现，不影响设备性能。BFD已经成功应用在MPLS光网络的故障检测中。这意味着，BFD可以直接用于OBS网络的IP层中的故障检测。而本章则继续深入探讨：BFD能否应用于OBS的边缘节点层和核心节点层中的故障检测与故障定位，BFD是否满足OBS网络故障检测与定位机制的相关要求。

8.4.2　BFD 协议的报文格式

BFD协议发送的是一种采用UDP类型的检测报文。该报文分为强制部分（Mandatory Section）和备选的鉴权部分（Authentication Section）。本章节只给出强制部分的报文格式，而不对备选的鉴权部分做进一步讨论。图8-7给出了BFD协议的检测报文格式。

下面对报文中的字节功能做简单的解释：

VERS表示BFD协议版本号，目前协议的版本号为1；DIAG表示诊断编码，说明本地BFD系统最后一次会话状态变化的原因，这个字节能够让远端系统了解上一次会话失败的原因；STA表示BFD会话的目前状态，BFD会话共有4种状态：Admin-Down、Down、Init和Up；P置1的时候要求发送系统确认目前的连接性或者如果参数发生改变时，对方发过来的报文中的F字节必

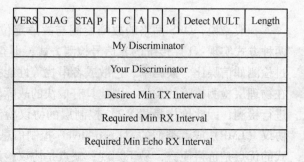

图 8-7　BFD 协议的检测报文格式

须置 1；F 表示响应 P 标志置位的回应报文中必须将 F 标志置 1；C 表示转发/控制分离标志，一旦置位，控制平面的变化不影响 BFD 检测；A 表示认证标识，置位代表会话需要进行验证；D 表示查询请求，置位代表发送方期望采用查询模式对链路进行监测；M 是预留位，无论在报文的发送还是接收状态，M 必须置 0；Detect MULT（DM）表示检测超时倍数，用于计算检测超时时间；Length 表示报文长度，以字节计；My Discriminator 表示 BFD 会话连接本地标志符；Your Discriminator 表示 BFD 会话连接远端标志符；Desired Min TX Interval（DMTI）表示本地支持的最小 BFD 报文发送间隔；Required Min RX Interval（RMRI）表示本地支持的最小 BFD 报文接收间隔；Required Min Echo RX Interval 表示本地支持的最小 Echo 报文接收间隔。

8.4.3 BFD 协议的状态机

每次建立或者中断一个 BFD 会话的时候，BFD 协议的状态机都必须执行一个三方握手（three-way handshake）过程，以保证本端和远端的系统都清楚状态的变化，如图 8-8 所示。一个会话过程通常需要经过三种状态，即 INIT、UP 和 DOWN 中 INIT 和 UP 用来建立会话，而 DOWN 用来中断会话。而如果管理层需要中断某个会话的话，则需要第四个状态：ADMIN DOWN。

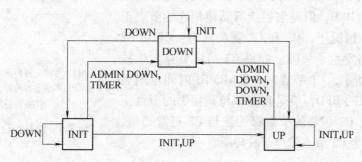

图 8-8 BFD 协议的状态机

8.4.4 BFD 协议的运行模式

BFD 协议具有两种主要的运行模式：异步模式（Asynchronous mode）和查询模式（Demand mode），另外还有一种辅助性的回声功能（Echo function）可以与这两种模式结合起来应用。异步模式和查询模式的区别在于故障检测的位置不同。前者在本端周期性地发送 BFD 控制报文，需要在远端检测本端发送的 BFD 控制报文；后者则在本端系统检测本端发送的 BFD 控制报文。在异步模式下，系统之间周期性地发送 BFD 控制报文。如果某个系统在检测时间内没有收到对端发来的 BFD 控制报文，那么它宣布目前的会话状态为 Down。在查询模式下，一旦一个 BFD 会话建立起来后，系统之间停止发送 BFD 控制报文，然后进入静默状态，除非某个系统需要显式地验证连接性。在这个情况下，系统将发送一个短序列的 BFD 控制报文，如果在检测时间内系统没有收到返回的 BFD 控制报文，那么系统宣布会话状态为 DOWN。

对于 OBS 网络来说，BFD 协议的异步模式是一个合适的选择。原因在于：BFD 的异步模式能够实时地进行故障检测，有效地降低故障检测时间。对于异步模式，发送周期和检测时间是两个重要的参数。对于发送周期，由于要考虑到链路的抖动，需要一个允许的范围。如果 Detect MULT 为 1，那么发送周期选择本地端的 DMTI 与接收到的来自对端的 RMRI 两者间的最大值，波动范围为 70% ~ 90%。否则，发送周期选择为本地端的 DMTI 与接收到的来自相邻节点的 RMRI 两者间的最大值，波动范围为 90% ~ 100%。对于检测时间，由于检测的位置是在对端，所以对端在计算检测时间时需要用到本端的检测倍数，即检测时间为本地端的 DMTI 与接收到的来自对端的 RMRI 两者间的最大值，其检测倍数为接收远端的 DM。

8.4.5　异步模式下的网络节点故障检测与网络链路故障检测

如图 8-9 所示，当两个 OBS 核心节点 C1 和 C2 建立了 BFD 会话后，开始协商 DMTI、RMRI 和 DM。然后，C1 和 C2 会以 DMTI 为周期向对方发送 BFD 报文。如果在 DM ×RMRI 时间范围收到了来自对方的 BFD 报文，那么 C1 和 C2 就会认为 C1 和 C2 之间的节点和链路是运行良好的。

但是，如果 C1 和 C2 之间的光纤链路发生故障，如图 8-10 所示，那么 C1 和 C2 在 DM ×RMRI 时间范围无法收到对方发来的 BFD，但是它们能与其他相连的节点正常通信。在这个情况下，C1 和 C2 就会认为：C1 和 C2 之间的光纤链路发生了故障。如果 C2 网络节点发生故障，如图 8-11 所示，C1 节点在 DM ×RMRI 时间范围无法收到对方发来的 BFD，但是它能够与其相邻的节点正常通信，同时与 C2 相邻的节点都无法与 C2 正常通信，那么 C1 就会认为 C2 节点发生了故障。

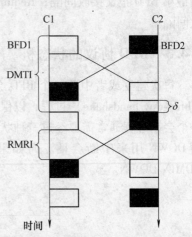

DMTI：本地支持的最小 BFD 报文发送间隔
RMRI：本地支持的最小 BFD 报文接收间隔
δ：BFD 处理时间

图 8-9　BFD 协议异步模式示例

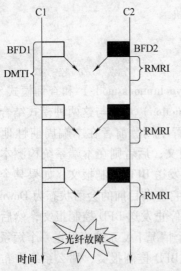

DMTI：本地支持的最小 BFD 报文发送间隔
RMRI：本地支持的最小 BFD 报文接收间隔
✺：出现故障

图 8-10　BFD 检测链路故障

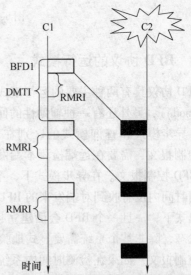

DMTI：本地支持的最小 BFD 报文发送间隔
RMRI：本地支持的最小 BFD 报文接收间隔
✺：出现故障

图 8-11　BFD 检测节点故障

8.4.6　BFD 协议在 OBS 网络中的报文交换过程

本章以一个简单的 6 个节点的 OBS 网络为例（见图 8-12），简要地介绍 BFD 在检测过程中的报文交换过程。假设设定每个节点的检测倍数 DM = 3，最初的 DMTI = 10ms，RMRI = 10ms，由检测时间公式，得到检测时间 = 30ms。OBS 核心路由器 A、B、C、D、E 和 F 的 My Discriminator 分别设为 1、2、3、4、5 和 6，并且假设核心路由器 E 出现故障。

1. OBS 链路连通的检测过程

首先，以核心路由器 A 与 D 之间的 BFD 检测为例，说明 BFD 检测连通的过程。

如图 8-13 所示，A 第一次发送，BFD 报文格式为：VERS：1；DIAG：0；STA：0；D：0；P：0；F：0；DM：3；Length：24；My Discriminator：1；Your Discriminator：0；DMTI：10；RMRI：10；Required Min Echo RX Interval：0。

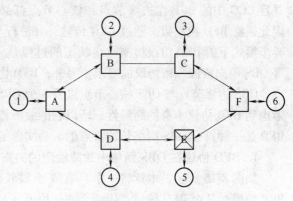

图 8-12　6 节点 OBS 网络拓扑图

D 第一次发送，BFD 报文格式为：VERS：1；DIAG：0；STA：0；D：0；P：0；F：0；DM：3；Length：24；My Discriminator：4；Your Discriminator：0；DMTI：10；RMRI：10；Required Min Echo RX Interval：0。

A 第二次发送，BFD 报文格式为：VERS：1；DIAG：0；STA：1；D：0；P：0；F：0；DM：3；Length：24；My Discriminator：1；Your Discriminator：4；DMTI：10；RMRI：10；Required Min Echo RX Interval：0。

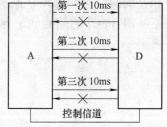

D 第二次发送，BFD 报文格式为：VERS：1；DIAG：0；STA：1；D：0；P：0；F：0；DM：3；Length：24；My Discriminator：4；Your Discriminator：1；DMTI：10；RMRI：10；Required Min Echo RX Interval：0。

图 8-13　核心路由器 A 与 D 之间的 BFD 检测

核心路由器 A 与 D 连通成功。如果设置参数没有变化，那么两个核心路由器将每隔一定的发送周期发送第二次发送的控制报文。

2. OBS 链路故障的检测过程

接下来，以核心路由器 D 与 E 之间的 BFD 检测为例，说明 BFD 检测不连通的过程，如图 8-14 所示。核心路由器 D 每隔 10ms 发送一次 BFD 控制报文，发送三次后，在检测时间 30ms 内仍然没有收到 E 发来的 BFD 控制报文，这说明核心路由器 E 出现故障，因此在进行路由选择的时候就不能选择 DE 链路。D 在接下来的控制报文中会把 DIAG 位设置为 1，表明检测超时，具体的 BFD 报文格式如下：

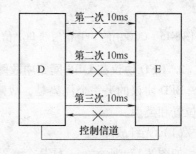

图 8-14　核心路由器 D 与 E 之间的 BFD 检测

D 连续发送了三次同样的控制报文，BFD 报文格式为：VERS：1；DIAG：0；STA：0；D：0；P：0；F：0；DM：3；Length：24；My Discriminator：4；Your Discriminator：0；DM-TI：10；RMRI：10；Required Min Echo RX Interval：0。

8.4.7　BFD 协议在 OBS 网络中故障检测与定位的实施步骤

OBS 网络的一个显著特点是，数据信道（DCG）和控制信道（CCG）是分离传输的，并且 CCG 中的 BCP 在边缘节点和核心节点都必须经过光-电-光转换，在电域中进行处理。因此，将 BFD 控制报文通过 CCG 传输，并进行与 BCP 类似的处理是可行的。而且，工作在异步模式下的 BFD 协议检测网络状态的过程是一种单向检测过程，所以这非常符合如 JET 等 OBS 单向资源预留协议的要求。另外，BFD 协议可以直接实施在 IP 路由器与 OBS 边缘节点、OBS 边缘节点与 OBS 核心节点以及一个 OBS 核心节点与另一个 OBS 核心节点之间，再考虑到 BFD 协议本身的简易性，所以它的故障检测时间是非常短的。所以，从整体上分析：BFD 是一种符合 OBS 网络传输特点的、易实施的快速故障检测协议。

1. BFD 协议在 OBS 网络中故障检测的实施步骤

如图 8-15 所示，本章将一个具有 N 个波长信道的 CCG 划分为两个部分：BFD 信道和 BCP 信道。其中 BFD 信道占用两个波长信道（λ_0 和 λ_1）分别用于本端系统和远端系统发送 BFD 控制报文；其他 N-2 个波长信道用于传输 BCP。

图 8-16 是 BFD 协议在基于 JET 协议的 OBS 网络中的应用情况。核心节点 C1 和 C2 之间相互周期性地发送 BFD 控制报文，以检测网络的连通性。并且只有在确认网络连通的前提下，C1 和 C2 之间的 BCP 和 BDP 才会按照 JET 协议的要求进行发送。

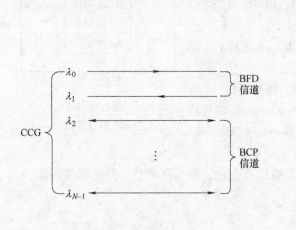

图 8-15　CCG 中的 BFD 信道和 BCP 信道

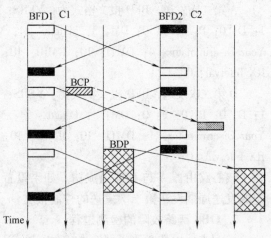

图 8-16　BFD 协议与 JET 协议

2. BFD 协议在 OBS 网络中故障定位的实施步骤

BFD 协议的另一个优势是，故障定位过程不需要复杂的信息交换，能够快速确定故障的位置和类型。

（1）光纤故障

如图 8-17a 所示，一旦某个光纤上的 BFD 会话中断，而同一链路上的其他光纤的 BFD 会话正常，那么可以确认当前的故障位置和故障类型。

（2）链路故障

如图 8-17b 所示，一旦某个链路上的所有光纤的 BFD 会话中断，那么可以确认当前的故障位置和故障类型。

（3）节点故障

如图 8-18 所示，一旦某个节点的相邻节点都无法与该节点建立 BFD 会话，而这些相邻节点之间的 BFD 通信是正常的，那么可以确认当前的故障位置和故障类型。

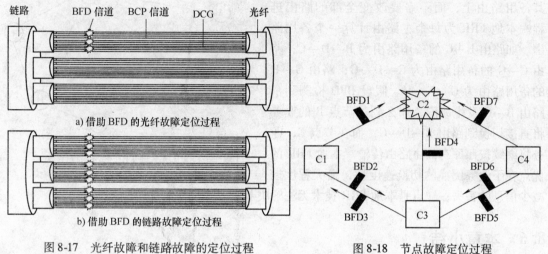

图 8-17　光纤故障和链路故障的定位过程　　　图 8-18　节点故障定位过程

由图 8-17 和图 8-18 可得：BFD 协议的故障定位过程只需要简单的判断信息，即光纤上的 BFD 会话情况、链路上的 BFD 会话情况以及节点之间的 BFD 会话情况。

8.5　OBS 网络故障保护与恢复技术

一旦 BFD 协议检测出了故障的发生，并且完成了故障的定位，那么需要尽快地执行故障恢复操作。快速重选路由（FRR）是一种具有实用价值的快速恢复技术。它可以分为两种类型：端到端（End to End）FRR 和本地（Local）FRR。下面简要介绍这两种技术。

8.5.1　端到端的 FRR 技术

图 8-19 是端到端 FRR 技术示例。端到端 FRR 技术将为网络中每个节点对之间的主路由（Primary route）计算一条或者多条备用路由。一旦主路由上的节点或者链路发生了故障，那么当前传输的业务量将被切换到备用路由上，直到主路由上的故障被修复为止。比如节点 A 和 H 之间的主路由为 A→B→C→G→H，备用路由为 A→E→F→H，那么一旦链路 A→B、B→C、C→G、G→H 或者节点 B、C、G 发生故障，那么主路由上的业务传输立即被切换到备用路由上。端到端 FRR 技术的优点是易于实

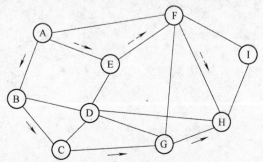

图 8-19　端到端 FRR 技术示例

施，并且每条主路由的备用路由都是提前计算的；缺点是主路由切换到备用路由的切换时间较长，在这个过程中可能造成一定数量信息的丢失。

8.5.2　本地 FRR 技术

图 8-20 是本地 FRR 技术示意图。与端到端 FRR 技术相比，本地 FRR 技术在故障发生和定位后，只需要将受损路由的业务量切换到

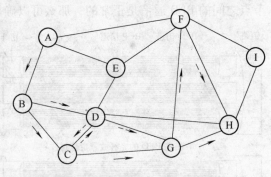

其备用路由上，而不需要改变全部的路由进程。本地 FRR 为每个主路由计算一个备用路由。如路由 B→C 的备用路由为 B→D→C；路由 C→G 的备用路由为 C→D→G；路由 G→H 的备用路由为 G→F→H。假设 BFD 检测到了路由 B→C 发生故障，那么到达节点 B 的业务将直接切换到路由 B→D→C，而在节点 C，业务将继续按照原有的主路由传输。本地 FRR 的优点在于业务倒换的切换速度快，最大程度地

图 8-20　本地 FRR 技术示意图

减少信息的丢失；缺点是本地 FRR 技术无法解决节点故障。

8.6　本章小结

本章简要地介绍了 OBS 网络的生存性问题。首先，介绍了 OBS 网络中可能的故障类型。接下来，给出了 OBS 网络故障检测与恢复技术的基本步骤。在简要地综述了 OBS 故障检测与定位技术的研究现状后，本章重点介绍了 BFD 协议在 OBS 网络故障检测与定位过程中的应用方案。最后，本章介绍了光网络中常用的快速重选路由技术，FRR 技术是 OBS 网络保护与恢复过程中的常用技术。

第9章 光突发交换网络的仿真软件平台

由于 OBS 网络建模的复杂性，计算机仿真是可供选择的最佳的测试、评估和验证手段之一，可以使得研究者在短周期、低成本的条件下进行协议和算法的研究。为提高模拟的通用性，将 NS-2 等通用网络模拟工具引入 OBS 系统的研究工作。因为 NS-2 并非专用的 OBS 系统模拟软件，用户需进行大量二次开发，从而影响研究进度。由于 OBS 研究的历史较短，目前还没有一个通用的 OBS 仿真平台，本书作者基于 NS-2 开发了一个 OBS 仿真平台称为 OBS-NP。

9.1 NS-2 简介

NS-2 是由美国国防部高级研究计划局资助，伯克利大学开发的共享工具，是一种可扩展、可重用、基于离散事件驱动、面向对象的网络仿真工具。

NS 是在 REAL Network Simulator 的基础上改版而来的。REAL 模拟器最初用于研究分组交换数据网络中的流量控制和拥塞控制方案。Lawrence Berkeley National Laboratory 的网络研究组为了研究大规模网络以及当前和未来的网络协议交互行为，以 REAL 模拟器为基础，开发了 NS 的第一个版本 NS-1。在 NS-1 不断改善的基础上，UC Berkeley 发布了 NS-2，它几乎包含所有 NS-1 的功能。NS-2 具有良好的结构和开放性，世界各地的研究者们在 NS 上开发出特定协议或者功能模块，NS 不断地将这些研究者贡献的代码加入 NS 的发布包中，使得 NS 的构件库变得越来越丰富，功能越来越强大。

NS-2 是一个开源项目，所有源代码都开放，任何人都可以获得、使用和修改其源代码。正因为此，世界各地的研究人员每天都在扩展和更新它的功能，为其添加新的协议支持和功能模块。它也是目前网络研究领域应用最广泛的网络仿真软件之一。NS-2 是一种面向对象的网络仿真器，它本质上是一个离散事件模拟器，其本身有一个虚拟时钟，所有的仿真都是由离散事件驱动的。目前 NS-2 可以用于仿真各种不同的通信网络。它功能强大，模块丰富，已经实现的一些仿真模块有：网络传输协议，如 TCP 和 UDP；业务源流量产生器，如 FTP、Telnet、Web CBR 和 VBR；路由队列管理机制，如 Droptai、RED 和 CBQ；路由算法，如 Dijkstra，以及无线网络的 WLAN、Ad hoc 路由、移动 IP 和卫星通信网络等。NS-2 也为进行局域网的仿真而实现了多播以及一些 MAC 子层协议。

NS-2 使用了被称为分裂对象模型的开发机制，采用 C++ 和 Otcl 两种开发语言进行开发。它们之间采用 TclCL 进行自动连接和映射，如图 9-1

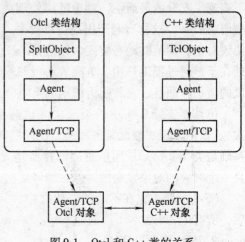

图 9-1　Otcl 和 C++ 类的关系

所示。考虑效率和操作便利的原因，NS 将数据通道和控制通道的实现相分离。为了减少分组和事件的处理时间，事件调度器和数据通道上的基本网络组件对象都使用 C++ 编写，这些对象通过 TclCL 映射对 Otcl 解释器可见。这样，仿真用户只要通过简单易用的 Tcl/Otcl 脚本编写出仿真代码，对仿真拓扑、节点、链路等各种部件和参数进行方便快速的配置。NS 可以说是 Otcl 的脚本解释器，它包含仿真事件调度器、网络组件对象库等。事件调度器控制仿真的进程，在适当时间激活事件队列中的当前事件，并执行该事件。网络组件模拟网络设备或节点的通信，它们通过制定仿真场景和仿真进程，交换特定的分组来模拟真实网络情况，并将执行情况记录到日志文件（称为 Trace 文件）中，以提供给仿真用户进行分析解读，获取仿真结果。NS 采用这种分裂模型既提高了仿真效率，加快了仿真速度，又提高了仿真配置的灵活性和操作的简便性。

9.2　NS-2 软件构成

NS-2 软件是一个软件包，包括 Tcl/Tk、Otcl、NS、Tclcl。其中 Tcl 是一个开放脚本语言，用来对 NS 进行编程；Tk 是 Tcl 的图形界面开发工具，可帮助用户在图形环境下开发图形界面；Otcl 是基于 Tcl/Tk 的面向对象扩展，有自己的类层次结构；NS 为本软件包的核心，是面向对象的仿真器，用 C++ 编写，以 Otcl 解释器作为前端；Tclcl 则提供 NS 和 Otcl 的接口，使对象和变量出现在两种语言中。

为了直观地观察和分析仿真结果，NS-2 提供了可选件 Xgraph（显示静态的图形曲线）、可选件 Nam（动态观察仿真的进行过程）。NS-2 在 Unix 下开发，除了可用于各种 Unix 系统、Linux 系统外，也可用于 Windows 系统。后者需要添加两个可选件：Cygwin（针对 Windows 操作系统的通用图形开发工具）和 Perl。

9.3　NS-2 使用的仿真语言

针对不同的仿真功能，NS-2 提供了两种编程语言模型，从而在不限制仿真性能的前提下表现了充分的灵活性，对于低层处理或分组转发、不需频繁修改的任务，NS-2 采用编译型语言 C++，这样有利于提高仿真效率。NS-2 使用灵活、交互式的脚本语言 Otcl 实现对于协议对象和规范的动态配置、通信量的反复重定义以及需要频繁修改的任务。这种方法的好处在于：通过提供易用、重配置、可编程的仿真环境，降低了仿真器设计、维护、扩展、调试的负担。而且，它鼓励将机制和策略分离的编程风格，有利于代码重用。

仿真器支持 C++ 中的类层次（也叫编译层次）和 Otcl 中对应的类层次（也叫解释层次），这两个层次彼此紧密相关。编译层次和解释层次的类之间是一一对应的，这些层次的基础是类 TclObject。用户通过解释器建立新的仿真对象。这些对象在解释器中实例化，并且一个对应的对象紧密地镜像在编译层次。

NS-2 的版本也在不断的变化之中，目前主要由 USC ISI 负责日常维护，从 NS2. Ib3 之后，所有的 NS 版本可以通过 http：//www. isi. edu/nsnam/ns 获得。本章的结论是在 ns-allinone-2. 28 环境下得到的。

9.4　几种典型的 OBS 仿真平台

在研究光突发交换中，建模和仿真工具的使用是十分有效和必要的手段。本节介绍并比较三种用于 OBS 的相关的仿真平台，即 OBS-ns Simulator、NCTUns 和 OBS Simulator。

9.4.1　OBS-ns Simulator

OBS-ns Simulator 马里兰大学 DAWN 网络研究实验室设计的基于 NS-2 的光突发交换网的仿真平台。第二版设计的版本为 OIRC。OBS-ns Simulator 由 OIRC 和 SAIT 共同开发。OIRC OBS-ns 是基于 NS-2 的事件驱动仿真器，网络仿真由 C++ 和 Otcl 一同编写完成。OBS-ns Simulator 的网络仿真参数如：拓扑、双向链路、节点配置和带宽等由 tcl 脚本创建。扩展了 Otcl 默认参数如：光纤延迟线时延、突发数据包和突发控制包的开销等。OBS-ns Simulator 中不支持资源预留协议。仿真的数据结果保存于 trace 文件，根据用户需要提取数据可绘制如：吞吐量、时延和丢包率等信息。仿真的动画由 NS-2 自带的 Nam 演示。

9.4.2　NCTUns

NCTUns 是由台湾交通大学研发的仿真平台，可用于网络规划与研究和应用程序性能分析。NCTUns 支持多种网络协议/模型/应用，同时网络链路和设备可通用于有线和无线 IP 网络。NCTUns 仿真采用事件驱动方式，其仿真平台用 C++ 语言编写属于开放系统架构，开放源代码。

NCTUns 支持仿真光突发交换网，其中几个模块可用于构建 OBS 网络协议。NCTUns 可配置路由和交换，如突发的汇聚（最小突发包长度，最大队列长度）、波长信道分配（控制信道和数据信道数量）、波长转换、预留协议（只有 JET 协议）、控制包处理时间、冲突消减等。

NCTUns 编写了 GUI 图形用户界面，能够构建网络拓扑和配置协议模型，同时可以绘制网络性能曲线和动态显示突发包传输情况。

9.4.3　OBS Simulator

OBS Simulator 由北卡罗来纳州立大学使用 C++ 编写的支持 OBS 网络的仿真平台。OBS Simulator 主要研究不同资源预留协议下的丢包率情况和不同网络拓扑情况下的网络性能分析。OBS Simulator 没有构建图形界面，每次运行仿真必须创建固定文件名为 n1. net 的文件和使用特殊的语法和语义。其中包含了定义网络拓扑、调度算法、边缘节点和核心节点的配置以及核心节点之间的传输时延。资源预留协议采用 JIT、JET、Horizon、JIT^+ 和 JumpStart。

OBS Simulator 的仿真结果仅由控制台（console）显示，突发包传输没有实时动态显示动画，不输出分析产生的曲线图。表 9-1 为三种典型 OBS 仿真平台的比较。

表 9-1　三种典型 OBS 仿真平台的比较

Items	OBS-ns	NCTUns	OBS Simulator
OBS Protocols		JET	JIT, JET, Horizon, JIT^+, JumpStart
OBS Parameters	14	13	11

（续）

Items	OBS-ns	NCTUns	OBS Simulator
Network Traffic Generation	Application code	Real-life protocol Stacks （TCP/IP）	Application code
Model Building	Script	Graphical model construction	Script
Output Analysis	Plot graphs	Plot graphs	Console output
Animation or Real-time Viewing	Animation	Animation	Not available
Support/Training	Available	Available	Not available
Learning Curve	Steep	Short	Short
Installation Difficulty	Medium	Hard	Easy
Programming Language	C++/Otcl	C++	C++
System Requirements	Linux	Linux	Linux
Downloads	Available	Available	Not available
License Type	Free for research, Commercially not available	Free for research, Commercial license available	Private use

9.4.4　其他仿真工具简介

除了上述介绍的 NS-2 之外，应用于光突发交换网的仿真软件有 J-Sim、OPNET、MAT-LAB、Simulink 和 OptSim 等。J-SIM 是基于组件的仿真模拟器，属于组件型的自主架构，本身并不带有构建光突发交换网的特殊组件。OPNET Modeler 是出自 OPNET 公司的模拟仿真器，它本身不具备特殊模块去模拟光突发交换网络，不过 OPNET 具有强大的模型库，可以借鉴 OPNET 的过程和节点编辑器去仿真光突发交换网的协议或者设备模型。MATLAB 是 MathWorks 公司的一种被广泛用于仿真研究的仿真工具，也可用于光突发交换网的仿真设计。Simulink 是一种为动态系统和互动图形设计提供模块化设计的多域仿真模拟器。OptSim 是 Rsoft 设计公司的一种功能强大的仿真工具，但也没有专门的光突发交换网设计模块。

9.5　OBS-NP 光网络仿真软件概述

OBS-NP 是由浙江工业大学乐孜纯教授团队开发的基于 NS-2 的 OBS 网络公开源代码的仿真软件。仿真平台 OBS-NP 是对 NS-2 的扩充，提供对多种典型 OBS 算法的支持，是一个能对多种 OBS 算法性能进行比较的平台，且有简便的 OBS 算法模块加入接口。OBS-NP 提供四种汇聚策略：固定长度、固定时间、混合门限和自适应汇聚策略；三种调度策略：F-F、LAUC 和 LAUC-VF；两种控制协议：JIT 和 JET；多种路由策略：Djkstra 最短路径算法、K 最短路径算法和偏射路由等，适合于做多种 OBS 算法性能评价和研究。除此之外，OBS-NP 还扩充了支持 LAUC-VF 的光纤延迟线（FDL）模块，扩充了流量产生器（traffic generator）以支持自相似业务模块。另外，扩充了流量的特征，增加了定义光路的 QoS 特征和流量的类型等功能。

9.6　OBS-NP 软件设计

9.6.1　OBS 网络模拟的过程

OBS-NP 采用离散事件驱动模型。系统为每个时间分配一个个时间戳后将其加入事件表，然后按时间顺序执行事件。模拟的主要事件有：路由的建立与选择、吞吐量、拥塞情况、时延等。模拟过程中仿真平台不断执行事件表中的事件直到模拟结束。在完成对 NS-2 扩展之后，整个模拟过程描述如下：

1）扩展或者继承 C++ 协议类。

2）定义 Tcl 相关的类和变量。编写 Otcl 脚本，配置网络拓扑结构，确定链路的基本特性，诸如延时、带宽、信道数量等。

3）把 C++ 绑定到 Tcl 上，包括端设备的协议绑定和通信业务量模型的建立。

4）在\ns-allinone-2.28\ns-2.28\makefile 下把新添加协议产生的目标文件名和定义的脚本章件名加入到 makefile 文件里。

5）在 ns-default.tcl 中为新增参数设置默认值。

6）重新编译 NS-2，即 make clean，make depend 和 make。

7）用 NS-2 解释执行所编写的 Otcl 脚本。

8）对 Trace 文件进行分析，使用 awk 提取需要的数据在 Xgraph 中显示，也可通过 Nam 动态演示。

9）调整配置网络的拓扑结构或者业务量模型，重新进行仿真过程。

9.6.2　安装 OBS-NP

第一步：代码拷贝

将源代码拷入"ns-allinone-2.28（or x）/ns-2.28"文件下。例如：home/ns-allinone-2.28/ns-2.28/OBS-NP。

第二步：在现有的 NS-2 中添加代码，引入一种新的包格式 PT_ BTP

（1）在"ns-allinone-2.28/ns-2.28/common/packet.h"下添加 PT_BTP：

```
enum packet_t {
    PT_TCP,
    PT_UDP,
    ......
    //加入新的包类型
```

```
        PT_BTP,
        PT_NTYPE//必须是最后一行!
};
    p_info( ){
        name_[ PT_TCP ] = " tcp" ;
        name_[ PT_UDP ] = " udp" ;
                ..........
        name_[ PT_TFRC ] = " tcpFriend" ;
        name_[ PT_TFRC_ACK ] = " tcpFriendCtl" ;
        name_[ PT_LMS_SETUP ] = " LMS_SETUP" ;
        name_[ PT_BTP ] = " BTP" ;    //在此行添加 BTP
        name_[ PT_NTYPE ] = " undefined" ;
        }
```

(2) 在 ns-allinone-2. 28/ns-2. 28/ tcl/lib/ns-packet. tcl 下添加 BTP:

```
        foreach prot {
        AODV
        ARP
        ....
        IPinIP
        BTP    //在此行添加 BTP
        IVS
        ....
        };
```

第三步:修改 NS-2 Makefile

(1) 在 OBJ_CC 下添加

```
OBJ_CC = \
.
OBS-NP/_cc/debug. o
OBS-NP/_cc/fiber-delay. o
OBS-NP/_cc/assembly. o\
OBS-NP/_cc/route. o\
OBS-NP/_cc/OBS-classifier/core-classifier. o\
OBS-NP/_cc/OBS-classifier/edge-classifier. o
OBS-NP/_cc/OBS-scheduler/scheduler. o
OBS-NP/_cc/OBS-scheduler/lauc-scheduler. o\
OBS-NP/_cc/OBS-scheduler/lauc-vf-scheduler. o\
OBS-NP/_cc/OBS-scheduler/Table. o
OBS-NP/_cc/common/state-collector. o\
 $ ( OBJ_STL)
```

（2）在 NS_TCL_LIB 下添加：

NS_TCL_LIB = \

OBS-NP/tcl/obs-np-defaults. tcl\

OBS-NP/tcl/obs-np-lib. tcl\

OBS-NP/tcl/obs-np-link. tcl\

$（NS_TCL_LIB_STL）

第四步：编译

运行 make clean；make depend；make

9.6.3　OBS-NP 软件结构

图 9-2 描述了 OBS-NP 中主要 C++ 类及类间的关系。

其中 TclObject、NSObject、Agent、Classifier、TimerHandler 类为 NS-2 的系统类；NS-2 中的节点一般由 Agent、Classifier、TimerHandler 组成，Agent 负责发送数据包，Classifier 负责对接收到的数据包进行必要的解析并决定对数据包的处理方式。当本节点不是数据包的目的节点时则转发数据包；当本节点是数据包的目的节点时则销毁数据包表示成功接收。TimerHandler 处理节点中的时钟。

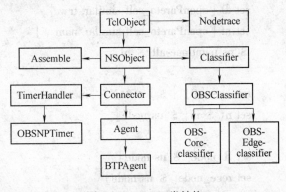

图 9-2　OBS-NP 类结构

在 OBS-NP 的网络节点构架时，我们继承了 NS-2 的基础类——BTPAgent、OBSclassifier（包括其子类 OBSCoreclassifier 和 OBSEdgeclassifier）。OBSNPTimer 继承了 NS-2 基础类的功能，同时增加了针对 OBS 网络的特定功能。BTPAgent 发送的是符合 OBS 网络要求格式的突发数据包，添加的 OBS 分类器都是由 NS 自带的分类器继承而来。

1）OBSclassifier 是基础分类器类，继承了 NS 本身的分类器，它不直接绑定到 OBS 的网络节点上。子类 OBSEdgeclassifier 用于边缘节点，能对接口进入数据包的格式和目的节点进行判断。子类 OBSCoreclassifier 用于核心节点，能判断数据包的目的节点并进行转发，并且只能识别 OBSNP 数据包。

2）OBSNPTimer 继承了 NS-2 的定时器 TimerHandler，是控制汇聚的时间和设置数据包偏置时间的定时器。

3）Assemble 类实现了汇聚/解汇聚功能，它将边缘节点分类器 OBSEdgeclassifier 解析的相同目的节点和业务等级的数据包汇聚成突发数据包，而后由 BTPAgent 发送，或者在边缘节点将突发数据包解汇聚成 TCP 包进入普通节点。

4）Nodetrace 类中对 NS-2 的命令做了部分的修改，使得添加的 OBS 网络的节点可以绑定各种业务量模型。

5）扩充 Fiber-delay 模块，增加了光纤延迟的支持，以适用于 LAUC-VF 算法。

6）需要持续并具有突发特性的高速业务流，因此增加了用于产生自相似业务流量类 Application/SessionTraffic/Self similar。

9.7　OBS-NP 仿真实例

9.7.1　Pareto 流叠加产生自相似流

1. 仿真脚本

```
set ns[ new Simulator ]

set N[ lindex $ argv 0 ]
set t 1
set X( $ t) 0

set f0 [ openPareto_self-similar. tr w ]
set nf [ openPareto_self-similar. nam w ]
 $ ns namtrace-all $ nf

for {set i 0} { $ i < $ N} {incr i} {
set n( $ i)[ $ ns node ]
}
set R_node[ $ ns node ]
set rece_node[ $ ns node ]

#建立链路
for {set i 0} { $ i < $ N} {incr i} {
    $ ns duplex-link $ n( $ i) $ R_node 1Mb 10ms DropTail
}
 $ ns duplex-link $ R_node $ rece_node 10Mb 10ms DropTail

proc finish {} {
   global ns f0
   global nf
   # $ ns flush-trace
   #Close the output files
   close $ f0
   close $ nf
   exec xgraph Pareto_self-similar. tr-geometry 800x400 &
   exec nam Pareto_self-similar. nam &
        exit 0
}
```

```
proc attach-expoo-traffic {source node sink} {
    set ns [Simulator instance]
    $ ns attach-agent $ node $ source

    set traffic [new Application/Traffic/Pareto]
    $ traffic set packetSize_200
    $ traffic set burst_time_50ms
    $ traffic set idle_time_50ms
    $ traffic set rate_100k
    $ traffic set shape_1.4
    $ traffic attach-agent $ source
    $ ns connect $ source $ sink
    return $ traffic
}


proc record {} {
        global f0 N t
        global sink   X

        set ns [Simulator instance]
        set time 0.01
        set alladd_bytes 0
        for {set i 0} {$ i < $ N} {incr i} {
            set add_bytes($ i) [$ sink($ i) set bytes_]
            set alladd_bytes [expr $ alladd_bytes + $ add_bytes($ i)]
        }


        #得到当前时间
        set now [$ ns now]
#计算带宽(MBit/s)并写入文件
        puts $ f0 "$ now [expr $ alladd_bytes/ $ time * 8/1000000]"
        set   X($ t) [expr $ alladd_bytes/ $ time * 8/1000000]
        #puts   "$ X($ t)"

        #Reset the bytes_values on the traffic sinks
        for {set i 0} {$ i < $ N} {incr i} {
        $ sink($ i) set bytes_0
        }
```

```
#Re-schedule the procedure
        set t  [expr $ t+1]
        $ ns at [expr $ now+ $ time]"record"


}


#计算方差
proc calculate {} {
        global X
        set order 13

        #calculate varX
        set sumX1 0
        set sumX2 0
        set sumvarX 0

        for {set i 20} { $ i<10020} {incr i} {
          set sumX1 [expr $ sumX1+ $ X( $ i)]
          set sumX2 [expr $ sumX2+ $ X( $ i) ∗ $ X( $ i)]
        }

        set averX1 [expr $ sumX1/10000]
        #puts " $ averX1"
        #set averX2 [expr $ sumX2/10000]
        #set varX1   [expr $ averX2- $ averX1 ∗ $ averX1]
        #puts "varx1 = $ varX1"

        for {set i 20} { $ i<10020} {incr i}
{   set sumvarX [expr $ sumvarX+( $ X( $ i)- $ averX1) ∗ ( $ X( $ i)- $ averX1)]
        }
        set varX  [expr $ sumvarX/10000]
        puts "varX = $ varX"

#calculate VarY(i)
        setsumY 0
        set sumY2 0
        #set sumvarY 0
        for {set i 0} { $ i< = $ order} {incr i} {
          set sumvarY( $ i) 0
```

```
#set m [expr pow(2, $ i)]
if { $ i = = 0} {
  set m( $ i) 1
} else {
  set t [expr $ i-1]
  set m( $ i) [expr $ m( $ t) * 2]
}

puts " $ i"
#set m( $ i) [expr m( $ i) * 2]
#puts " $ m( $ i)"
set J [expr 10000/ $ m( $ i)]
#set sumXm( $ j) 0
#puts " $ sumXm"
for {set j 1} { $ j < = $ J} {incr j} {
    set sumXm( $ j) 0
    #calculate aggregation Y(j)
    set t [expr $ j-1]
    set lower [expr 19 + $ t * $ m( $ i) +1]
    #puts " $ lower"
    set upper [expr 19 + $ j * $ m( $ i)]
    #puts " $ upper"
    for {set k $ lower} { $ k < = $ upper} {incr k} {
      set sumXm( $ j) [expr $ sumXm( $ j) + $ X( $ k)]
      #puts " $ sumXm( $ j)"
    }

    #puts " $ sumXm( $ j)"
    set M( $ i) [expr $ m( $ i) +0.0]
    set Y( $ j) [expr $ sumXm( $ j)/ $ M( $ i)]
    set sumY [expr $ sumY + $ Y( $ j)]
    set sumY2 [expr $ sumY2 + $ Y( $ j) * $ Y( $ j)]
}

set averY [expr $ sumY/ $ J]
puts " $ averY"
for {set j 1} { $ j < = $ J} {incr j} {
  set f [expr $ Y( $ j)- $ averY]
  set g [expr pow( $ f,2)]
```

```
                set sumvarY( $ i) [expr $ sumvarY( $ i) + $ g]
                #set sumvarY( $ i) [expr $ sumvarY( $ i) + ( $ Y( $ j)- $ averY) ∗ ( $
Y( $ j)- $ averY)]
                }
                set varY( $ i)  [expr $ sumvarY( $ i)/ $ J]
                puts "varY( $ i) = $ varY( $ i)"

                #set averY2 [expr $ sumY2/ $ J]
                #set varY2( $ i) [expr $ averY2- $ averY ∗ $ averY]
                #puts " $ varY2( $ i)"
        }


    }


    for {set i 0} { $ i < $ N} {incr i} {
    set sink( $ i) [new Agent/LossMonitor]
    $ ns attach-agent $ rece_node $ sink( $ i)
    }


    for {set i 0} { $ i < $ N} {incr i} {
        set source( $ i) [new Agent/UDP]
        set traffic( $ i) [attach-expoo-traffic $ source( $ i) $ n( $ i) $ sink( $ i)]
    }


    #Start logging the received bandwidth
    $ ns at 0. 00 "record"
    #Start the traffic sources
    for {set i 0} { $ i < $ N} {incr i} {
    $ ns at 0. 10 " $ traffic( $ i) start"
    }
    #Stop the traffic sources
    for {set i 0} { $ i < $ N} {incr i} {
    $ ns at 200. 50 " $ traffic( $ i) stop"
    }
    #calculate var
    $ ns at 200. 60   "calculate"


    #Call the finish procedure after 100. 4 seconds simulation time
    $ ns at 200. 70 "finish"
```

#Run the simulation

$ ns run

2. 仿真结果

首先，在 Linux 终端中，以 root 身份调用上文所描述的仿真脚本，如图 9-3 所示。该仿真脚本描述了使用 15 个 pareto 源叠加产生自相似流的行为。

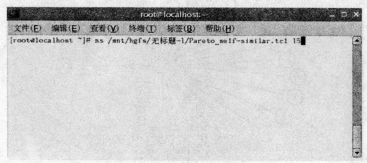

图 9-3 Linux 终端下调用仿真脚本

图 9-4 所示为仿真结束后得到的时间方差序列结果。

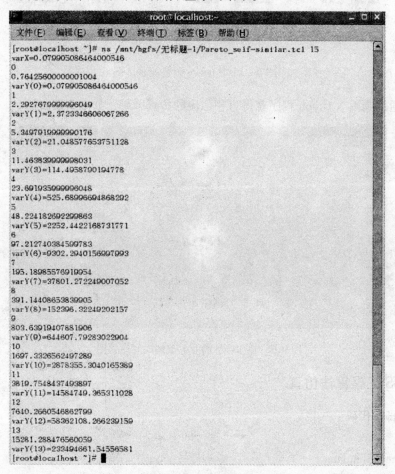

图 9-4 时间方差序列

接下来，如图9-5所示，仿真平台通过 nam 程序以动画的方式直接演示自相似流的合成过程。

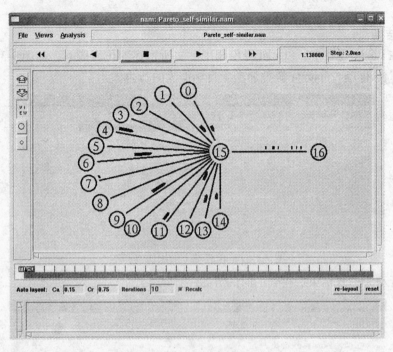

图 9-5　15 个 pareto 源叠加 nam 图

最后，通过调用 X Graph 程序获得自相似流的仿真结果，如图9-6所示。

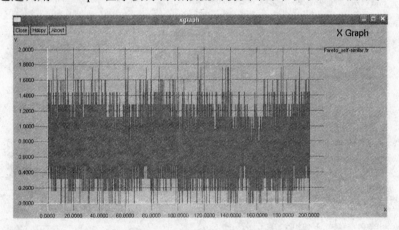

图 9-6　叠加产生的业务流的时间序列图

9.7.2　OBS 汇聚算法仿真

1. 仿真脚本代码

set ns［new Simulator］

$ ns color 1 orange

```
$ ns color 2 blue
set nf [ open OBS-NP. nam w]
set tf [ open OBS-NP. tr w]


$ ns namtrace-all $ nf
$ ns trace-all $ tf
```

#设置偏置时间
```
BurstManager offsettime 0. 00005
```

#设置汇聚策略 method 1：固定长度汇聚策略；method 2：固定时间汇聚策略；method 3：混合汇聚策略；method 4：自适应汇聚策略；
```
BurstManager method 4
```

#设置最大突发长度
```
BurstManager maxburstsize 500000
BurstManager bursttimeout 0. 5
```

#设置突发控制包处理时间
```
Classifier/BaseClassifier/CoreClassifier set bcpProcTime 0. 000002
Classifier/BaseClassifier/EdgeClassifier set bcpProcTime 0. 000002
```

```
Classifier/BaseClassifier set nfdl 16
```
#设置光纤延迟线时间
```
Classifier/BaseClassifier setFDLdelay 0. 0001
Classifier/BaseClassifier set option 0
```
#假设每个节点至多 10 条光纤延迟线
```
Classifier/BaseClassifier set maxfdls 5
Classifier/BaseClassifier set ebufoption 0
```

```
OBSFiberDelayLink set FDLdelay 0. 0
```
#设置边缘节点数目
```
set edge_count 12
```
#设置核心节点数目
```
set core_count 4
# total bandwidth/channel(1mb = 1000000)
set bwc 50000000
set delay 1ms
```
#链路上的信道数

```
setlinkch 8
#设置控制信道数
setbcpc 2
#设置数据信道数
setbdpc 6

#初始化设置
proc finish {} {
    global ns nf tf
     $ ns flush-trace
    close $ nf
    close $ tf
    #Execute NAM on the trace file
    exec nam OBS-NP. nam &
    puts "Simulation complete" ;
    exit 0
}


#设置十六节点拓扑(12 个边缘节点,4 个核心节点)——见图 9-8
Simulator instproc   create_topology {} {
    $ self instvar Node_
    global E C
    global edge_count core_count
    global bwpc maxch ncc ndc delay

    set i 0
    # set up the edge nodes
    while { $ i < $ edge_count } {
    set E( $ i) [ $ self create-edge-node $ edge_count]
        set nid [ $ E( $ i) id]
        set string1 "E( $ i) node id:    $ nid"
        puts $ string1
     $ E( $ i) color black
    incr i
    }

    set i 0
    # set up the core nodes
    while { $ i < $ core_count } {
```

```
    set C( $ i) [ $ self create-core-node $ core_count]
        set nid [ $ C( $ i) id]
        set string1 "C( $ i) node id：        $ nid"
        puts  $ string1
        $ C( $ i) shape square
        $ C( $ i) color red
    incr i
    }
    $ self createDuplexFiberLink  $ E(0)  $ C(0)  $ bwpc  $ delay  $ ncc  $ ndc  $ maxch
    $ self createDuplexFiberLink  $ E(1)  $ C(0)  $ bwpc  $ delay  $ ncc  $ ndc  $ maxch
    $ self createDuplexFiberLink  $ E(2)  $ C(0)  $ bwpc  $ delay  $ ncc  $ ndc  $ maxch
    $ self createDuplexFiberLink  $ E(3)  $ C(1)  $ bwpc  $ delay  $ ncc  $ ndc  $ maxch
    $ self createDuplexFiberLink  $ E(4)  $ C(1)  $ bwpc  $ delay  $ ncc  $ ndc  $ maxch
    $ self createDuplexFiberLink  $ E(5)  $ C(1)  $ bwpc  $ delay  $ ncc  $ ndc  $ maxch
    $ self createDuplexFiberLink  $ E(6)  $ C(2)  $ bwpc  $ delay  $ ncc  $ ndc  $ maxch
    $ self createDuplexFiberLink  $ E(7)  $ C(2)  $ bwpc  $ delay  $ ncc  $ ndc  $ maxch
    $ self createDuplexFiberLink  $ E(8)  $ C(2)  $ bwpc  $ delay  $ ncc  $ ndc  $ maxch
    $ self createDuplexFiberLink  $ E(9)  $ C(3)  $ bwpc  $ delay  $ ncc  $ ndc  $ maxch
$ self createDuplexFiberLink  $ E(10)  $ C(3)  $ bwpc  $ delay  $ ncc  $ ndc  $ maxch
$ self createDuplexFiberLink  $ E(11)  $ C(3)  $ bwpc  $ delay  $ ncc  $ ndc  $ maxch
    $ self createDuplexFiberLink  $ C(0)  $ C(1)  $ bwpc  $ delay  $ ncc  $ ndc  $ maxch
    $ self createDuplexFiberLink  $ C(0)  $ C(2)  $ bwpc  $ delay  $ ncc  $ ndc  $ maxch
    $ self createDuplexFiberLink  $ C(0)  $ C(3)  $ bwpc  $ delay  $ ncc  $ ndc  $ maxch
    $ self createDuplexFiberLink  $ C(1)  $ C(2)  $ bwpc  $ delay  $ ncc  $ ndc  $ maxch
    $ self createDuplexFiberLink  $ C(1)  $ C(3)  $ bwpc  $ delay  $ ncc  $ ndc  $ maxch
    $ self createDuplexFiberLink  $ C(2)  $ C(3)  $ bwpc  $ delay  $ ncc  $ ndc  $ maxch

#建立路由表——见图 9-9
$ self build-routing-table
    }
$ ns create_topology


set udp0 [new Agent/UDP]
$ ns attach-agent  $ E(0)  $ udp0
set null0 [new Agent/Null]
$ ns attach-agent  $ E(9)  $ null0
$ ns connect  $ udp0  $ null0
$ udp0 set fid_2
```

```
set p0 [new Application/Traffic/Pareto]
$ p0 attach-agent $ udp0
$ p0 set packetSize_300
$ p0 set burst_time_5ms
$ p0 set idle_time_5ms
$ p0 set rate_10Mb
$ p0 set shape_1. 4

set udp1 [new Agent/UDP]
$ ns attach-agent $ E(1) $ udp1
set null1 [new Agent/Null]
$ ns attach-agent $ E(10) $ null1
$ ns connect $ udp1 $ null1
$ udp1 set fid_2

set p1 [new Application/Traffic/Pareto]
$ p1 attach-agent $ udp1
$ p1 set packetSize_300
$ p1 set burst_time_5ms
$ p1 set idle_time_5ms
$ p1 set rate_10Mb
$ p1 set shape_1. 4

set udp2 [new Agent/UDP]
$ ns attach-agent $ E(2) $ udp2
set null2 [new Agent/Null]
$ ns attach-agent $ E(11) $ null2
$ ns connect $ udp2 $ null2
$ udp2 set fid_2

set p2 [new Application/Traffic/Pareto]
$ p2 attach-agent $ udp2
$ p2 set packetSize_300
$ p2 set burst_time_5ms
$ p2 set idle_time_5ms
$ p2 set rate_10Mb
$ p2 set shape_1. 4
```

```
set udp3 [new Agent/UDP]
$ ns attach-agent $ E(3) $ udp3
set null3 [new Agent/Null]
$ ns attach-agent $ E(6) $ null3
$ ns connect $ udp3 $ null3
$ udp3 set fid_2


set p3 [new Application/Traffic/Pareto]
$ p3 attach-agent $ udp3
$ p3 set packetSize_300
$ p3 set burst_time_5ms
$ p3 set idle_time_5ms
$ p3 set rate_10Mb
$ p3 set shape_1. 4


set udp4 [new Agent/UDP]
$ ns attach-agent $ E(4) $ udp4
set null4 [new Agent/Null]
$ ns attach-agent $ E(7) $ null4
$ ns connect $ udp4 $ null4
$ udp4 set fid_2


set p4 [new Application/Traffic/Pareto]
$ p4 attach-agent $ udp4
$ p4 set packetSize_300
$ p4 set burst_time_5ms
$ p4 set idle_time_5ms
$ p4 set rate_10Mb
$ p4 set shape_1. 4


set udp5 [new Agent/UDP]
$ ns attach-agent $ E(5) $ udp5
set null5 [new Agent/Null]
$ ns attach-agent $ E(8) $ null5
$ ns connect $ udp5 $ null5
$ udp5 set fid_2


set p5 [new Application/Traffic/Pareto]
$ p5 attach-agent $ udp5
```

```
        $ p5 set packetSize_300
        $ p5 set burst_time_5ms
        $ p5 set idle_time_5ms
        $ p5 set rate_10Mb
        $ p5 set shape_1. 4


        set udp6 [ new Agent/UDP ]
        $ ns attach-agent $ E(0) $ udp6
        set null6 [ new Agent/Null ]
        $ ns attach-agent $ E(6) $ null6
        $ ns connect $ udp6 $ null6
        $ udp5 set fid_2


        set p6 [ new Application/Traffic/Pareto ]
        $ p6 attach-agent $ udp6
        $ p6 set packetSize_300
        $ p6 set burst_time_5ms
        $ p6 set idle_time_5ms
        $ p6 set rate_10Mb
        $ p6 set shape_1. 4


        set udp7 [ new Agent/UDP ]
        $ ns attach-agent $ E(1) $ udp7
        set null7 [ new Agent/Null ]
        $ ns attach-agent $ E(7) $ null7
        $ ns connect $ udp7 $ null7
        $ udp7 set fid_2


        set p7 [ new Application/Traffic/Pareto ]
        $ p7 attach-agent $ udp5
        $ p7 set packetSize_300
        $ p7 set burst_time_5ms
        $ p7 set idle_time_5ms
        $ p7 set rate_10Mb
        $ p7 set shape_1. 4


        set udp8 [ new Agent/UDP ]
        $ ns attach-agent $ E(2) $ udp8
        set null8 [ new Agent/Null ]
```

```
$ ns attach-agent  $  E(8)  $  null8
$ ns connect  $  udp8  $  null8
$ udp8 set fid_2
```

```
set p8 [new Application/Traffic/Pareto]
$ p8 attach-agent  $  udp8
$ p8 set packetSize_300
$ p8 set burst_time_5ms
$ p8 set idle_time_5ms
$ p8 set rate_10Mb
$ p8 set shape_1. 4
```

```
set udp9 [new Agent/UDP]
$ ns attach-agent  $  E(3)  $  udp9
set null9 [new Agent/Null]
$ ns attach-agent  $  E(9)  $  null9
$ ns connect  $  udp9  $  null9
$ udp9 set fid_2
```

```
set p9 [new Application/Traffic/Pareto]
$ p9 attach-agent  $  udp5
$ p9 set packetSize_300
$ p9 set burst_time_5ms
$ p9 set idle_time_5ms
$ p9 set rate_10Mb
$ p9 set shape_1. 4
```

```
$ ns at 0. 1 "  $  p0 start"
$ ns at 0. 1 "  $  p1 start"
$ ns at 0. 1 "  $  p2 start"
$ ns at 0. 1 "  $  p3 start"
$ ns at 0. 1 "  $  p4 start"
$ ns at 0. 1 "  $  p5 start"
$ ns at 0. 1 "  $  p6 start"
$ ns at 0. 1 "  $  p7 start"
$ ns at 0. 1 "  $  p8 start"
$ ns at 0. 1 "  $  p9 start"
```

```
$ ns at 2 "  $  p0 stop"
```

```
$ ns at 2 " $ p1 stop"
$ ns at 2 " $ p2 stop"
$ ns at 2 " $ p3 stop"
$ ns at 2 " $ p4 stop"
$ ns at 2 " $ p5 stop"
$ ns at 2 " $ p6 stop"
$ ns at 2 " $ p7 stop"
$ ns at 2 " $ p8 stop"
$ ns at 2 " $ p9 stop"

$ ns at 2 "finish"
$ ns run
```

2. 仿真结果

首先，图 9-7 所示为仿真网络的建立过程，即建立 10 个边缘节点和 4 个核心节点。同时，指定其中某些节点的调度信息。

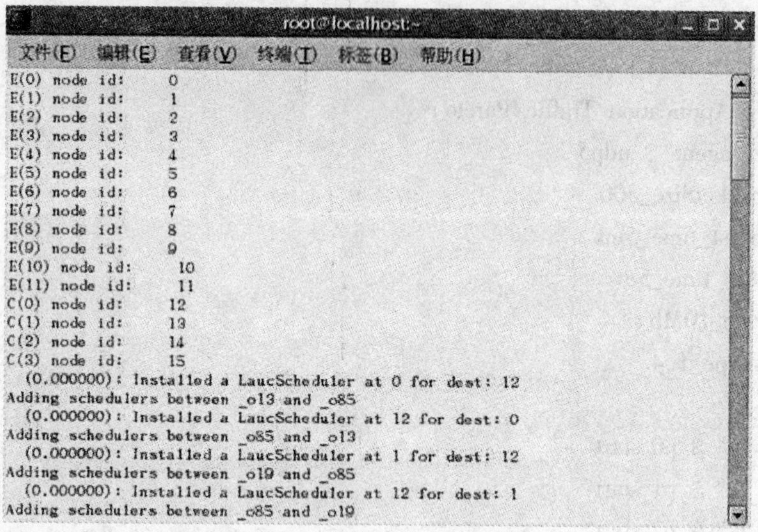

图 9-7　建立网络拓扑及调度的信息

图 9-8 所示为调用 nam 程序后的网络拓扑建立结果。

在仿真网络的拓扑建立成功后，程序将根据拓扑结构调用路由算法，并生成该网络拓扑下的路由表，如图 9-9 所示。

在路由表建立完成后，程序将根据调度信息设置网络节点间的业务流量，如图 9-10 所示。

接下来，调用 nam 程序，以动画形式显示汇聚算法的运行情况，如图 9-11 所示。

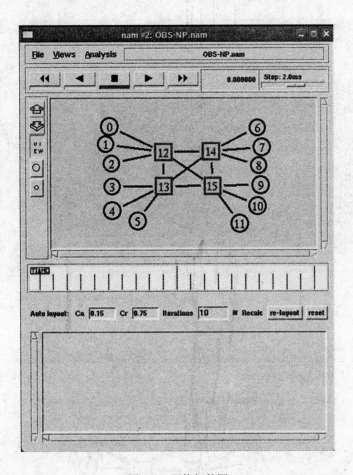

图 9-8　网络拓扑图

```
root@localhost:/home/ns-allinone-2.28/ns-2.28/OBS/tcl/zzj
文件(F)  编辑(E)  查看(V)  终端(T)  标签(B)  帮助(H)
Create route between 8 14 via 8-14
Create route between 8 15 via 8-14-15
Create route between 8 15 via 8-15
Create route between 9 0 via 9-15-12-0
Create route between 9 0 via 9-15-0
Create route between 9 0 via 9-0
Create route between 9 1 via 9-15-12-1
Create route between 9 1 via 9-15-1
Create route between 9 1 via 9-1
Create route between 9 2 via 9-15-12-2
Create route between 9 2 via 9-15-2
Create route between 9 2 via 9-2
Create route between 9 3 via 9-15-13-3
Create route between 9 3 via 9-15-3
Create route between 9 3 via 9-3
Create route between 9 4 via 9-15-13-4
Create route between 9 4 via 9-15-4
Create route between 9 4 via 9-4
Create route between 9 5 via 9-15-13-5
Create route between 9 5 via 9-15-5
Create route between 9 5 via 9-5
Create route between 9 6 via 9-15-14-6
Create route between 9 6 via 9-15-6
Create route between 9 6 via 9-6
```

图 9-9　路由表信息

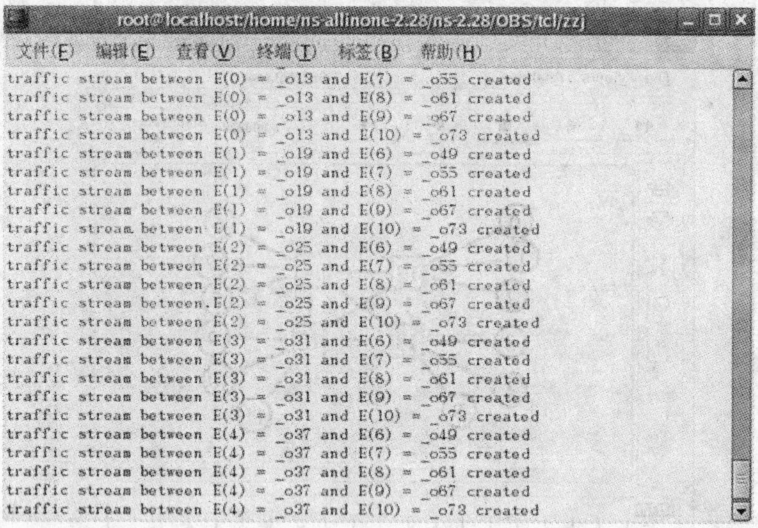

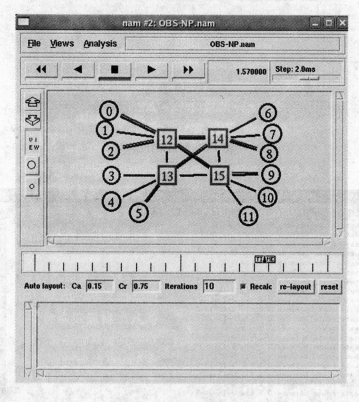

图 9-10　业务流量建立情况

图 9-11　突发包传输动态图

最后，Trace 文档记录了模拟过程中突发分组传送中所有的事件。表 9-2 取了某个突发控制分组（序号为 6424）来验证 OBS-NP 的有效性。

表 9-2　流内序号为 6424 的 trace 文件

	A	B	C	D	E	F	G	H	I	J	K
1	事件	事件发生时间	源节点	目的节点	包类型	包的大小	标志字符串	流标志符	分组的源地址	分组的目的地址	流内序号
2	+	0.341412	5	13	BTP	80	- - - - -	1	5.0	8.-1	6424
3	-	0.341412	5	13	BTP	80	- - - - -	1	5.0	8.-1	6424
4	+	0.34146	5	13	BTP	499880	- - - - -	2	5.0	8.-1	6425
5	-	0.34146	5	13	BTP	499880	- - - - -	2	5.0	8.-1	6425
6	r	0.342425	5	13	BTP	80	- - - - -	1	5.0	8.-1	6424
7	+	0.342427	13	14	BTP	80	- - - - -	1	5.0	8.-1	6424
8	-	0.342427	13	14	BTP	80	- - - - -	1	5.0	8.-1	6424
9	r	0.34246	5	13	BTP	499880	- - - - -	2	5.0	8.-1	6425
10	+	0.34246	13	14	BTP	499880	- - - - -	2	5.0	8.-1	6425
11	-	0.34246	13	14	BTP	499880	- - - - -	2	5.0	8.-1	6425
12	r	0.34344	13	14	BTP	80	- - - - -	1	5.0	8.-1	6424
13	+	0.343442	14	8	BTP	80	- - - - -	1	5.0	8.-1	6424
14	-	0.343442	14	8	BTP	80	- - - - -	1	5.0	8.-1	6424
15	r	0.34346	13	14	BTP	499880	- - - - -	2	5.0	8.-1	6425
16	+	0.34346	14	8	BTP	499880	- - - - -	2	5.0	8.-1	6425
17	-	0.34346	14	8	BTP	499880	- - - - -	2	5.0	8.-1	6425
18	r	0.344455	14	8	BTP	80	- - - - -	1	5.0	8.-1	6424
19	r	0.34446	14	8	BTP	499880	- - - - -	2	5.0	8.-1	6425

其中，第 A 列表示封包事件发生的原因，若是"r"则表示封包被某个节点所接收；若是"+"则表示进入了队列；若是"-"则表示离开队列；若是"d"则表示封包被队列所丢弃；如果事件列为"d"，则不汇聚突发包 BTP，在包类型列表示为 pareto 流。第 H 列表示封包的属性（fid = 1 为突发控制分组，fid = 2 为突发数据分组）。分析表 9-2 可以得出以下结论：偏置时间 =（B4 - B2）= 48μs，链路传输迟延 =（B6 - B2）= 1.013ms，突发控制分组的处理时间 =（B13 - B12）= 2μs，对比仿真设定的参数可以看出，利用 OBS - NP 得到的仿真数据和理论数据基本一致，从而验证了 OBS - NP 的有效性。

9.7.3　AWK 对 TRACE 文件分析

仿真结束后，trace 文件中包含了所有的仿真结果信息。本文以分析吞吐量仿真结果为例，例举一个 awk 对 trace 文件的提取过程。分析代码如下：

```
BEGIN {
            init = 0;
            i = 0;
}
```

```
{
            action = $ 1;
            time = $ 2;
            node_1 = $ 3;
            node_2 = $ 4;
            src = $ 5;
            pktsize = $ 6;
            flow_id = $ 8;
            node_1_address = $ 9;
            node_2_address = $ 10;
            seq_no = $ 11;
            packet_id = $ 12;

            if( action = = "r" && node_1 = =0&& node_2 = =12 && flow_id = =2) {

                        pkt_byte_sum[ i + 1] = pkt_byte_sum[ i] + pktsize;

                        if( init = =0) {
                                    start_time = time;
                                    init = 1;
                        }

                        end_time[ i] = time;

                        i = i +1;
            }
}
END {
            printf("%. 2f\t%. 2f\n", end_time[0],0);

            for( j =1; j < i ; j + +){
                        th = pkt_byte_sum[ j]/( end_time[ j] - start_time) *8/1000;
                        printf("%. 2f\t%. 2f\n", end_time[ j], th);
            }
            printf("%. 2f\t%. 2f\n", end_time[ i -1], 0);
```

首先，在终端中运行 awk 命令执行分析代码，如图 9-12 所示。

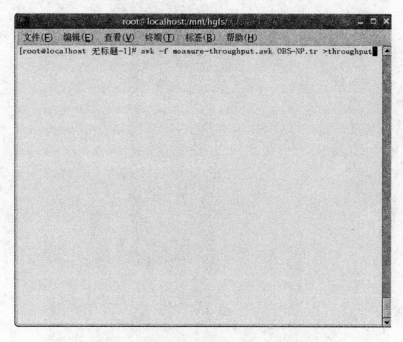

图 9-12　awk 命令从 trace 文件中提取数据

接下来，将提取的数据存入 throughput 的文档中，使用 xgraph 命令将吞吐量曲线画出，如图 9-13 所示。

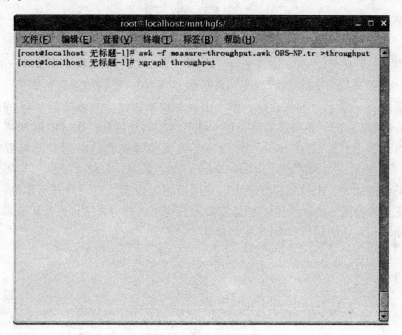

图 9-13　xgraph 命令

最后，本次仿真中吞吐量的仿真结果如图 9-14 所示。

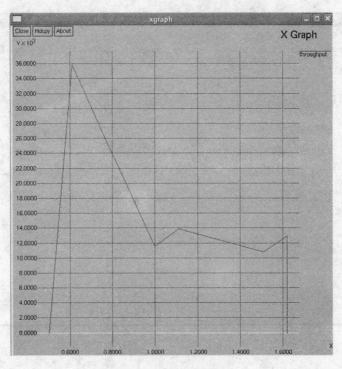

图9-14　吞吐量仿真结果

9.8　本章小结

　　本章介绍了三种典型的 OBS 仿真平台：OBS-ns Simulator、NCTUns 和 OBS Simulator，提出并构建了一种基于 NS - 2 的 OBS 网络仿真平台 OBS-NP。作者构建的仿真平台综合考虑了以往三种典型 OBS 仿真平台的优缺点，添加了资源预留协议，能够模拟 OBS 的网络通信情况并使用 Linux 终端输出了 k 条最短路径和一跳节点的地址信息；同时使用 NS-2 自带的 nam 动态演示了仿真的过程，利用 trace 文件分析了突发包端到端的时延以及偏置时间，并用 Gnuplot 绘制了吞吐量以及网络突发包丢包率的实验结果图，为仿真提供了翔实并且可靠的仿真数据。平台还提供了比较完善的应用层通用模块与扩展接口，具有通用性好、易扩展、易配置、易交互的特点。由于预留了功能接口，方便用户对仿真平台进行扩充和修改，从而促进了相关领域和行业的同行对 OBS 网络性能的研究。

第 10 章　光突发交换网络边缘节点的硬件设计

随着电子技术的不断发展与进步，大规模可编程逻辑器件 CPLD 和 FPGA 是当今应用最广泛的两类可编程专用集成电路（ASIC）。FPGA 具有静态可重复编程和动态系统重构的特性，使得硬件的功能可以像软件一样通过编程来修改，极大地提高了电子系统设计的灵活性和通用性。本章介绍采用 FPGA 实现 OBS 网络边缘节点中各个功能模块的过程。

10.1　FPGA 简介

FPGA 是在可编程阵列逻辑 PAL、通用阵列逻辑 GAL 和电可编程逻辑器件 EPLD 等可编程器件的基础上进一步发展的产物，具有更高的集成度、更强的逻辑实现能力和更好的设计灵活性。FPGA 由许多独立的可编程逻辑模块组成，用户通过编程将这些模块连接起来实现不同的设计，它是作为专用集成电路领域中一种半定制电路而出现的，既解决了定制电路的不足，又克服了原有可编程器件门电路数量有限的特点。FPGA 的功能由逻辑结构的配置数据决定，采用逻辑单元阵列（LCA），内部包括可配置逻辑模块（CLB）、输入/输出模块（IOB）和内部连接（Interconnect）三个部分。FPGA 芯片是小批量系统提高系统集成度、可靠性的最佳选择之一。FPGA 实现设计的好处如下：

1）丰富的触发器和 I/O 引脚资源。

2）时序更容易满足要求。

3）内部资源丰富。

4）容量大、功能强。

5）可任意次数编程。

10.2　基于 QuartusII 的 FPGA 开发流程

Altera 公司推出的 FPGA/CPLD 集成开发环境 Quartus II，从设计输入、编译、仿真、综合、布局布线的下载都可以使用这个集成环境来完成。它支持 Altera 公司的所有 FPGA/CPLD 器件，提供了完整的多平台设计环境和从设计输入到器件编程的全部功能，可以满足特定设计的需要。它是单芯片可编程系统（SOPC）设计的综合性环境，可以产生并识别 EDIF 网表文件、VHDL 网表文件和 Verilog HDL 网表文件，为其他 EDA 工具提供了方便的接口，可以在 Quartus II 集成环境中自动运行其他 EDA 工具。

图 10-1 是一个基于 Quartus II 的典型 FPGA 开发流程图。

1）建立工程是每个开发过程的开始，Quartus II 软件以工程为单元对设计过程进行管理。在 File 菜单中提供"New Project Wizard…"向导，通过引导完成项目的创建。当设计者需要向项目中添加新的文件时，可以通过"New"选项来添加所需类型的文件。

2）建立顶层原理图，可以根据自己的设计需要，用硬件描述语言或者原理图输入，生

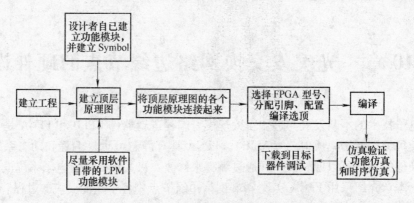

图 10-1　基于 Quartus II 的典型 FPGA 开发流程图

成一个模块符号；也可以选择 Quartus II 软件环境里包含的大量的常用功能模块。然后在顶层原理图里使用这些模块。

3）将顶层原理图的各个功能模块用连线连接起来，类似于电路图设计，把各个芯片连接起来，组成电路系统。

4）为设计选择芯片载体，在物理上真正实现设计的功能，主要是选择芯片型号，为顶层原理图添加输入/输出端口，分配芯片的引脚（分配引脚也可以在程序下载到芯片前进行，编译之前不是必需的步骤），设置编译选项。

5）编译器完成的功能有：检查设计错误、对逻辑进行综合、提取定时信息、在指定的 Altera 系列器件中进行适配分割，产生的输出文件将用于设计仿真、定时分析及器件编程。可以对错误进行提示，可以反复修改自己的程序，直到编译通过才可以进行下一步仿真验证。

6）仿真之前要通过菜单"New"选项来建立新的波形文件。在 Processing 菜单下选择"Simulate Mode"选项进入仿真模式，选择"Simulator Settings…"对话框进行仿真设置。在这里可以选择激励文件、仿真模式（功能仿真或时序仿真）等，选择功能仿真时可以方便地分析输出的结果，并且由此判断设计的逻辑正确与否。通过时序仿真得到的波形判断系统设计是否达到要求。

7）编译仿真无误后，可以把程序下载到芯片中，以验证是否能够达到预期的功能，如果没有达到预期效果，再次修改程序。

10.3　OBS 边缘节点功能模块总图

边缘节点根据 FPGA 功能分为接收外网数据的接收模块和边缘节点核心功能模块。如图 10-2所示，接收模块作为底层的模块设计在接收方向上，接收来自于外网的数据，直接转发到核心功能模块。接收模块主要包括时钟提取和串并转换。由于外网数据并不是连续传送的，因此要求接收模块必须快速地从输入数据流中恢复时钟信号。在设计中，需要进行时钟提取的锁相环的锁定时间保持在纳秒数量级。为了保证接收的高效率，在数据进入后续操作以前必须经过一个高速锁相环来获得发送端时钟信号，从而做到收发同步。另外由于 FPGA无法处理串行高速信号，所以必须通过串并转换将高速信号变成低速并行信号才能实现 FPGA 内部操作。

根据 OBS 边缘节点的功能将核心功能模块分为四大模块：汇聚、调度、路由和控制模块。在整体时钟的控制下，汇聚模块将外网数据组装成突发包，调度模块根据组装的突发包信息对其进行合适的资源预约，而路由模块负责突发包途经的路径，最后控制模块计算突发包的偏置时间，同时根据各个模块的

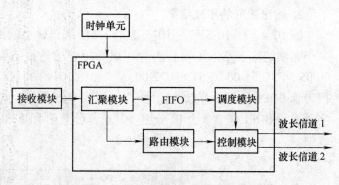

图 10-2　边缘节点的 FPGA 设计框图

处理信息发送突发包和控制包。模块与模块之间相连进行信息传递共同完成边缘节点的核心功能。

10.4　三种汇聚算法的 FPGA 实现

10.4.1　FAS 汇聚算法的 FPGA 实现

1. FAS 汇聚算法的顶层图

图 10-3 是 FAS 汇聚算法的顶层模块图。它由汇聚模块（Assembly）、分类模块（Classify）、信号模块（Signal）、并串转换模块（Change）以及时钟模块组成。其中，汇聚模块由组装子模块、累加器子模块、存储子模块和写入控制子模块组成。并且，输出端口 qout1、qout2、qout3 和 qout4 对应的引脚分别为 PIN156、PIN157、PIN159 和 PIN165。

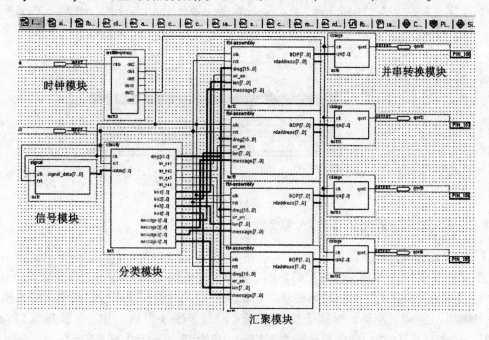

图 10-3　FAS 汇聚算法的顶层模块图

2. 输出波形的测试结果

图 10-4、图 10-5 和图 10-6 表示 qout1 端口输出的 BDP1 的时序仿真结果，它们表示了一个完整的基于 FAS 汇聚算法的 BDP 数据包的输出结果，即 [FF 11 01 03 0F 05 03 1F 4A 00 05 34 3C 55 00 05 51 6D 22 00]$_{16}$。如图 10-4 中，FF 字段表示突发包头部保护带；11 字段表示 BDP1 的目的节点地址为 "1" 以及 QoS 等级为 "1"；01 字段表示 BDP1 的序号；03 字段表示 BDP1 包含 3 个 IP 分组。其余部分及图 10-5 和图 10-6 所示部分表示 IP 分组的净荷数据。

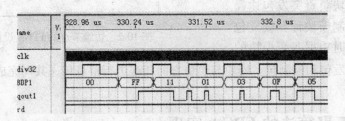

图 10-4　BDP1 的时序仿真结果第一部分

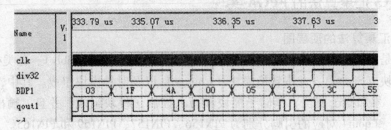

图 10-5　BDP1 的时序仿真结果第二部分

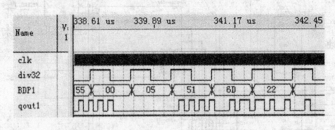

图 10-6　BDP1 的时序仿真结果第三部分

10.4.2　FAP 汇聚算法的 FPGA 实现

1. FAP 汇聚算法的顶层图

图 10-7 是 FAP 汇聚算法的顶层模块图。它由汇聚模块（Assembly）、分类模块（Classify）、信号模块（Signal）、并串转换模块（Change）以及时钟模块组成。其中，汇聚模块由组装子模块、定时子模块、存储子模块和写入控制子模块组成。并且，输出端口 qout1、qout2、qout3 和 qout4 对应的引脚分别为 PIN156、PIN157、PIN159 和 PIN162。

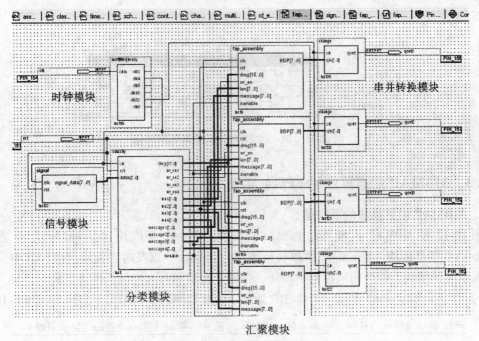

图 10-7　FAP 汇聚算法的顶层图

2. 输出波形的测试结果

图 10-8、图 10-9、图 10-10 和图 10-11 表示 qout1 端口输出的 BDP2 的时序仿真结果，它们表示了一个完整的基于 FAS 汇聚算法的 BDP 数据包的输出结果，即 [FF 12 01 04 19 05 03 07 1B 00 06 07 19 23 44 00 06 05 08 10 23 00 07 11 72 83 1D 2C 3A 00]$_{16}$。如图 10-8 中，FF 字段表示表示突发包头部保护带；11 字段表示 BDP1 的目的节点地址为"1"以及 QoS 等级为"2"；01 字段表示 BDP2 的序号；03 字段表示 BDP2 包含 4 个 IP 分组。其余部分及图 10-9、图 10-10 和图 10-11 所示部分表示 IP 分组的净荷数据。

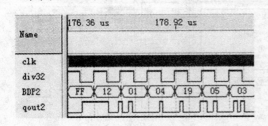

图 10-8　BDP2 的时序仿真结果第一部分

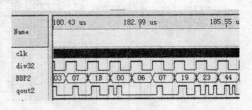

图 10-9　BDP2 的时序仿真结果第二部分

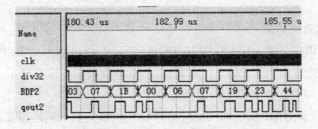

图 10-10　BDP2 的时序仿真结果第三部分

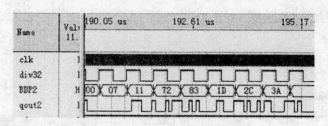

图 10-11　BDP2 的时序仿真结果第四部分

10.4.3　MBMAP 汇聚算法的 FPGA 实现

1. MBMAP 汇聚算法的顶层图

图 10-12 是 MBMAP 汇聚算法的顶层模块图。它由汇聚模块（Assembly）、分类模块（Classify）、信号模块（Signal）、并串转换模块（Change）以及时钟模块组成。其中，汇聚模块由组装子模块、两个门限控制子模块、存储子模块和写入控制子模块组成。并且，输出端口 qout1、qout2、qout3 和 qout4 对应的引脚分别为 PIN156、PIN157、PIN159 和 PIN162。

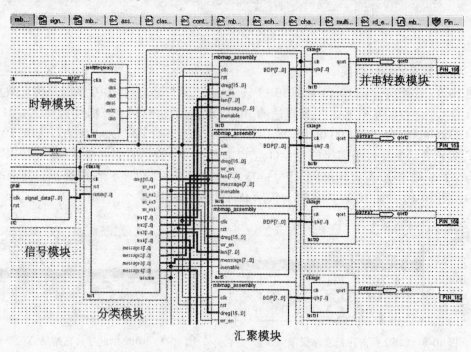

图 10-12　MBMAP 汇聚算法的顶层图

2. 输出波形的测试结果

图 10-13、图 10-14、图 10-15 和图 10-16 表示 qout1 端口输出的 BDP4 的时序仿真结果，它们表示了一个完整的基于 MBMAP 汇聚算法的 BDP 数据包的输出结果，即：$[FF\ 22\ 01\ 04\ 16\ 04\ AA\ 0B\ 00\ 05\ 03\ 07\ 1B\ 00\ 07\ 11\ 72\ 83\ 1D\ 2C\ 00\ 06\ 07\ 19\ 05\ 08\ 00]_{16}$。如图 10-13 中，FF字段表示表示突发包头部保护带；11 字段表示 BDP4 的目的节点地址为 "2" 以及 QoS 等级为"2"；01 字段表示 BDP4 的序号；03 字段表示 BDP2 包含 4 个 IP 分组。其余部分及图 10-14、

图 10-15 和图 10-16 所示部分表示 IP 分组的净荷数据。

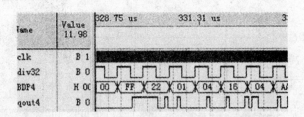

图 10-13　BDP4 的时序仿真结果第一部分

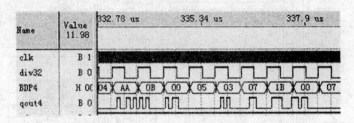

图 10-14　BDP4 的时序仿真结果第二部分

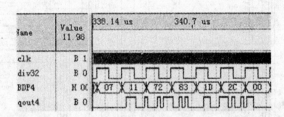

图 10-15　BDP4 的时序仿真结果第三部分

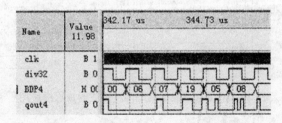

图 10-16　BDP4 的时序仿真结果第四部分

10.5　LAUC 数据信道调度算法的 FPGA 实现

10.5.1　LAUC 数据信道调度算法的顶层图

图 10-17 表示 LAUC 数据信道调度算法的顶层模块图。它表示 4 路数据信道在 LAUC 数据信道调度算法下的应用情况。整个顶层模块由来自汇聚模块输出的 BDP 数据包子模块、单条信道模块、LAUC 模块和输出到资源预留模块的子模块组成。

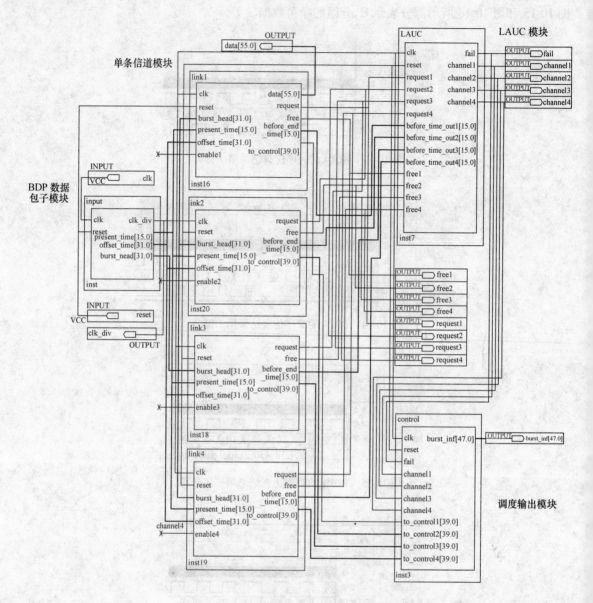

图 10-17　LAUC 数据信道调度算法的顶层模块图

10.5.2　初始时间表为空的时序仿真分析及实际输出波形

1. 时序仿真图

图 10-18 是初始时间表为空时的 LAUC 数据调度算法时序仿真图。它表示 4 个数据信道（channel1、channel2、channel3 和 channel4）的占用情况、调度失败信号（fail）、4 个请求信号（request1、request2、request3 和 request4）、4 个空闲标识信号（free1、free2、free3 和 free4）等信号的状态。

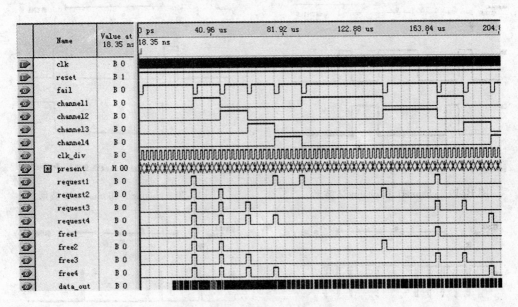

图 10-18   初始时间表为空时的时序仿真图

表 10-1 是图 10-18 所示信号状态的统计结果。

表 10-1   初始时间表为空时的 LAUC 算法输出结果

BDP 信息			时 间 表					输出结果
BDP 编号	开始 时间	结束 时间	当前 时刻	channel1	channel2	channel3	channel4	
BDP1	0016	0026	000C	free	free	free	free	channel1
BDP2	001C	0031	0012	BDP1	free	free	free	channel2
BDP3	0022	0035	0018	BDP1	BDP2	free	free	channel3
BDP4	002C	0045	001E	BDP1	BDP2	BDP3	free	channel4
BDP5	0028	003C	0024	BDP1	BDP2	BDP3	BDP4	channel1
BDP6	0030	004D	002B	BDP1	BDP2	BDP3	BDP4	fail
BDP7	002D	004D	0030	BDP5	BDP2	BDP3	BDP4	fail
BDP8	0035	004D	0036	BDP5	free	BDP3	BDP4	channel2
BDP9	002F	0044	003B	BDP5	BDP8	BDP3	BDP4	fail
BDP10	0036	0053	0042	free	BDP8	free	BDP4	channel1

2. 实际输出波形

图 10-19、图 10-20、图 10-21、图 10-22 和图 10-23 分别表示 channel1 和 channel2、channel3 和 channel4、fail、request1 和 request2、request3 和 request4 的实际输出波形。

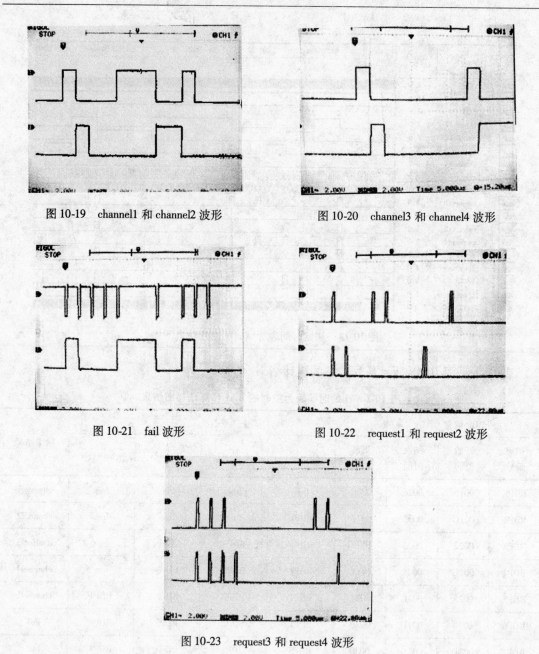

图 10-19　channel1 和 channel2 波形

图 10-20　channel3 和 channel4 波形

图 10-21　fail 波形

图 10-22　request1 和 request2 波形

图 10-23　request3 和 request4 波形

10.5.3　初始时间表为非空的时序仿真分析及实际输出波形

1. 时序仿真图

图 10-24 是初始时间表为非空时的 LAUC 数据调度算法时序仿真图。它表示 4 个数据信道（channel1、channel2、channel3 和 channel4）的占用情况、调度失败信号（fail）、4 个请求信号（request1、request2、request3 和 request4）、4 个空闲标识信号（free1、free2、free3 和 free4）等信号的状态。

表 10-2 是图 10-24 所示信号状态的统计结果。

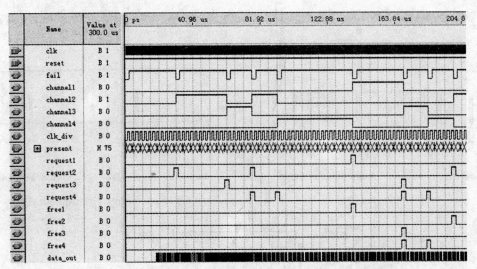

图 10-24　初始时间表为非空时的 LAUC 数据调度算法时序仿真图

表 10-2　初始时间表为空时的 LAUC 算法输出结果

BDP 信息			时 间 表					输出结果
BDP 编号	开始时间	结束时间	当前时刻	channel1	channel2	channel3	channel4	
BDP1	0016	0026	000C	占用	BDP1	占用	占用	channel2
BDP2	001C	0031	0012	占用	BDP1	占用	占用	fail
BDP3	0022	0035	0018	占用	BDP1	占用	占用	channel3
BDP4	002C	0045	001E	占用	BDP1	占用	占用	channel2
BDP5	0028	003C	0024	占用	BDP1	BDP3	占用	channel4
BDP6	0030	004D	002B	占用	BDP4	BDP3	BDP5	fail
BDP7	002D	004D	0030	占用	BDP4	BDP3	BDP5	fail
BDP8	0035	004D	0036	BDP8	BDP4	BDP10	BDP5	channel1
BDP9	002F	0044	003B	BDP8	BDP4	BDP10	BDP5	fail
BDP10	0036	0053	0042	BDP8	free	BDP10	free	channel3

2. 实际输出波形

图 10-25、图 10-26、图 10-27、图 10-28 和图 10-29 分别表示 channel1 和 channel2、channel3 和 channel4、fail、request1 和 request2、request3 和 request4 的实际输出波形。

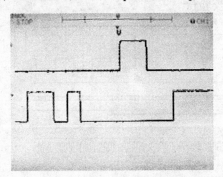

图 10-25　channel1 和 channel2 波形

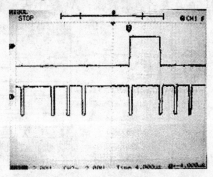

图 10-26　channel3 和 channel4 波形

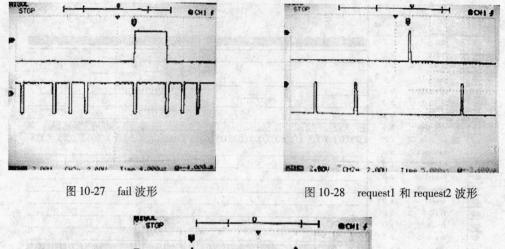

图 10-27　fail 波形　　　　　　　　　　　图 10-28　request1 和 request2 波形

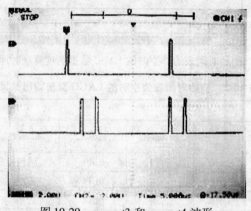

图 10-29　request3 和 request4 波形

10.6　资源预留协议的 FPGA 实现

10.6.1　JIT 协议的 FPGA 实现

1. BCP 信道中的时序图

图 10-30 表示 JIT 协议中 Setup 信令在 BCP 信道中的发送情况。图 10-30 中"dataout"端口输出的 Setup 信令为 $[AB\ 00\ 11\ 01\ FF\ 01\ A1]_{16}$。其中，AB 字节表示分组头；00 字节表示协议类型和信令类型；11 字节表示参考标识符；01 字节表示源地址；FF 字节表示目的地址；01 字节表示请求波长；A1 字节表示 CRC8 的校验位。

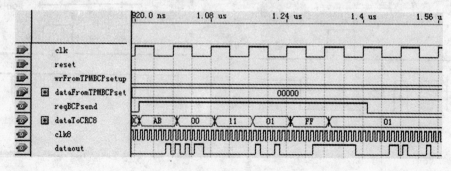

图 10-30　JIT 协议中的 Setup 信令时序图

图 10-31 表示 JIT 协议中 Setup、Connect、Release 以及 Release Complete 四种信令的时序图。图 10-31 中"dataout"端口分别输出这 4 种信令的时序。

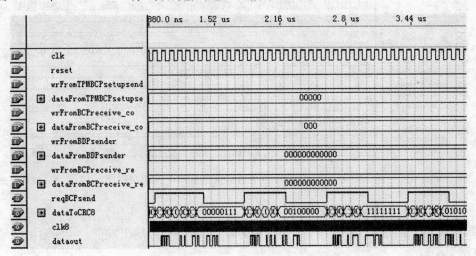

图 10-31　JIT 协议中四种信令的时序图

2. BDP 信道中的时序图

图 10-32 表示 JIT 协议中单个请求条件下 BDP 信道的时序图。主控模块分别在 0x0035 和 0x004F 时刻发送了两个请求。第一个请求为在 BCP 信道中发送 Setup 信令请求；第二个请求为发送 BDP 请求。那么如图中"BCPout"端口所示，在 0x003E 时刻，Setup 信令被发送；而在 0x0057 时刻，BDP 被发送，如图中"BDPoutLamda0"端口所示。BCP 与 BDP 之间的偏置时间为 0x0019。

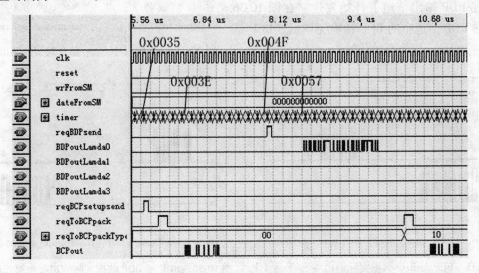

图 10-32　JIT 协议中单个请求条件下 BDP 信道时序图

图 10-33 表示在图 10-32 所示基础上的另一个 BCP 和 BDP 数据发送请求的执行情况。主控模块响应这个请求后，分别在 0x0050 和 0x0069 时刻发送了对应的 Setup 信令（图中"BCPout"端口所示）和 BDP（图中"BDPoutLamda1"端口所示）。

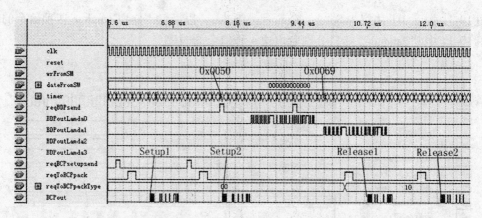

图 10-33　JIT 协议中两个请求条件下 BDP 信道时序图

3. BCP 数据包的实际输出波形

图 10-34 所示的是图 10-30 中 JIT 协议中 Setup 信令的实际输出波形。实际输出波形与时序仿真结果一致。

4. BDP 数据包的实际输出波形

图 10-35 和图 10-36 表示在 JIT 协议下 BCP 与 BDP 数据的实际输出波形。其中，示波器的通道 1（图上方）表示 BCP 输出信道；示波器的通道 2（图下方）表示 BDP 输出信道。在图 10-35 中，BCP 输出信道首先输出一个 Setup 信令，然后经过约 16 μs 的偏置时间后，对应的 BDP 在 BDP 输出信道上开始发送。在图 10-36 中，在 BDP 信道中的 BDP 传输完毕后，BCP 信道上的 Release 信令开始传输。

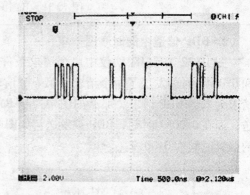

图 10-34　JIT 协议中 Setup 信令的实际输出波形

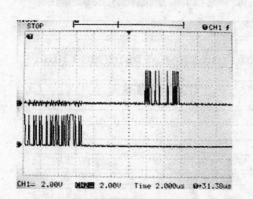

图 10-35　BCP 与 BDP 数据实际输出波形第一部分

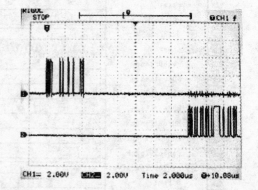

图 10-36　BCP 与 BDP 数据实际输出波形第二部分

10.6.2　JET 协议的 FPGA 实现

1. BCP 信道中的时序图

图 10-37 表示 JET 协议中 BCP 信道中的数据包发送情况。图 10-37 中"BCPout"端口输

出的数据为 [0xAB, 0x00, 0x11, 0x01, 0x02, 0x00000010, 0x00000062, 0x00, 0xF551]$_{16}$。其中，0xAB 字节表示分组头；0x00 字节表示协议类型；0x11 字节表示参考标识符；0x01 字节表示源地址；0x02 字节表示目的地址；0x00000010 字节表示 BDP 包长（目前为 16bit）；0x00000062 字节表示偏置时间；0x00 字节表示请求波长；0xF551 字节表示 CRC 校验。

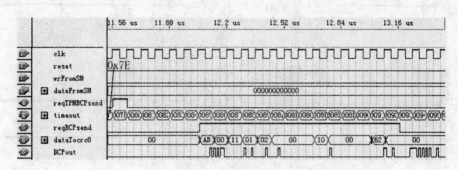

图 10-37　JET 协议下单个请求条件下的 BCP 信道时序图

2. BDP 信道中的时序图

图 10-38 表示在图 10-37 基础上，两个请求条件下 BCP 与 BDP 信道的数据发送情况。第一个请求的 BCP 在 0x0084 时刻发送，对应的 BDP 在 0x00E8 时刻发送；第二个请求的 BCP 在 0x0096 时刻发送，对应的 BDP 在 0x00FA 时刻发送。两组 BCP 和 BDP 的偏置时间都是 0x0064，与图 10-37 中的设置值（0x0062）相差两个时钟间隔。

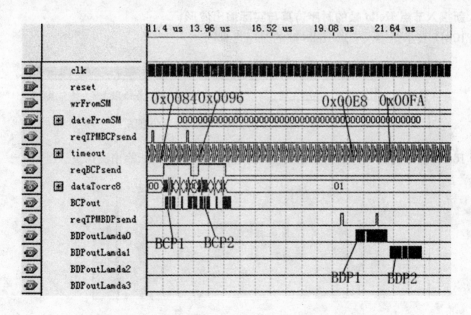

图 10-38　JET 协议下两个请求条件下的 BDP 信道时序图

3. BCP 数据包的实际输出波形

图 10-39 表示与图 10-37 对应的 BCP 数据包的实际输出波形。

4. BDP 数据包的实际输出波形

图 10-40 表示 JET 协议下 BCP 与 BDP 数据包的实际输出波形。在实际观测波形行，BCP 与 BDP 的偏置时间为 60 μs；而模块中设定的理论值为 64 μs。造成这个现象的原因为 BCP 和 BDP 数据在 FPGA 中的处理时延与传输时延不同。

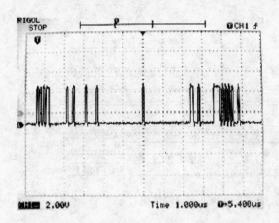

图 10-39　JET 协议下的 BCP 数据包的实际输出波形　　图 10-40　JET 协议下的 BDP 数据包的实际输出波形

10.7　路由协议中帧交换过程的 FPGA 实现

10.7.1　Hello 帧的时序仿真与实际输出波形

1. 新接入节点 Hello 帧的时序仿真与实际输出波形

图 10-41 表示新接入节点 Hello 帧的时序仿真图。

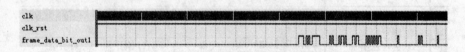

图 10-41　新接入节点 Hello 帧的时序仿真图

图 10-42 表示与图 10-41 对应的新接入节点 Hello 帧的实际输出波形。

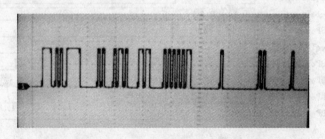

图 10-42　新接入节点 Hello 帧的实际输出波形

2. 非新接入节点 Hello 帧波形图

图 10-43 表示非新接入节点 Hello 帧的时序仿真图。

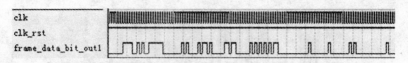

图 10-43　非新接入节点 Hello 帧的时序仿真图

图 10-44 表示与图 10-43 对应的非新接入节点 Hello 帧的实际输出波形。

图 10-44　非新接入节点 Hello 帧的实际输出波形

10.7.2　链路状态分组的时序仿真与实际输出波形

图 10-45 表示链路状态分组的时序仿真图。

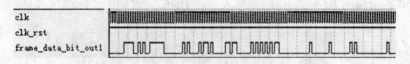

图 10-45　链路状态分组的时序仿真图

图 10-46 表示与图 10-45 对应的链路状态分组的实际输出波形。

图 10-46　链路状态分组的实际输出波形

10.7.3　链路状态数据库分组的时序仿真与实际输出波形

图 10-47 表示链路状态数据库分组的时序仿真图。

图 10-47　链路状态数据库分组的时序仿真图

图 10-48 表示与图 10-47 对应的链路状态数据库分组的实际输出波形。

图 10-48　链路状态数据库分组的实际输出波形

10.7.4　应答帧的时序仿真与实际输出波形

1. 新接入节点 Hello 应答帧的时序仿真与实际输出波形

图 10-49 表示新接入节点 Hello 应答帧的时序仿真图。

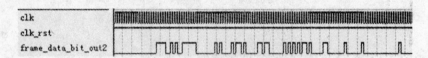

图 10-49　新接入节点 Hello 应答帧的时序仿真图

图 10-50 表示与图 10-49 对应的新接入节点 Hello 应答帧的实际输出波形。

图 10-50　新接入节点 Hello 应答帧的实际输出波形

2. 链路状态分组应答帧的时序仿真与实际输出波形

图 10-51 表示链路状态分组应答帧的时序仿真图。

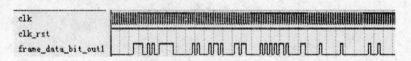

图 10-51　链路状态分组应答帧的时序仿真图

图 10-52 表示与图 10-51 对应的链路状态分组应答帧的实际输出波形。

图 10-52　链路状态分组应答帧的实际输出波形

3. 链路状态数据库分组应答帧的时序仿真与实际输出波形

图 10-53 表示链路状态数据库分组应答帧的时序仿真图。

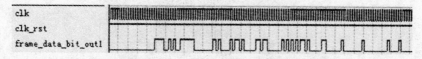

图 10-53　链路状态数据库分组应答帧的时序仿真图

图 10-54 表示与图 10-53 对应的链路状态数据库分组应答帧的实际输出波形。

图 10-54　链路状态数据库分组应答帧的实际输出波形

10.7.5　四类路由帧的时序总图

图 10-55 表示 4 类路由帧的时序仿真总图。其中"Hello1"表示新接入节点 Hello 帧；"Hello2"表示非新接入节点 Hello 帧；"LS"表示链路状态分组；"Database"表示链路状态数据库分组；"HACK"表示新接入节点 Hello 帧的应答帧；"LACK"表示链路状态分组应答帧；"DACK"表示链路状态数据库分组应答帧。

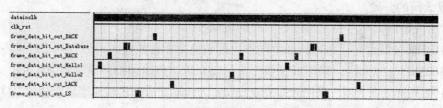

图 10-55　4 类路由帧的时序仿真总图

10.8　低成本 OBS-Ethernet 汇聚网卡设计

本节介绍作者设计的一款用于光突发交换网与以太网接入接口的汇聚网卡，用于让100Mbit/s 和 1000Mbit/s 系列以太网能够与 OBS 网络进行通信，即完成以太网数据帧与 OBS 突发数据包之间的全双工转换。以太网是目前应用最广泛、最普及的网络技术。光突发交换技术是实现未来高速、大容量传输网络的富有前景的技术。因此，两者的结合是必然趋势。

10.8.1　实现内容与设计目标

从 OBS 技术实用化的方向出发，以高性能 FPGA 芯片为平台，采用 C 语言编写实现 OBS 与以太网互联功能，完成一个低成本的汇聚网卡。

对于 OBS-Ethernet 汇聚网卡设计，本节选用 XILINX 公司的 Spartan 3E 系列中的

XC3S500E 芯片作为主芯片。OBS-Ethernet 网卡的整体框图如图 10-56 所示。

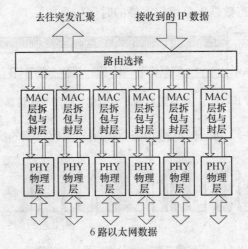

图 10-56　OBS-Ethernet 网卡的整体框图

MAC 层在上层协议和以太网网络之间传输和接收数据，从而完成 OBS 与以太网之间的互联通信。

10.8.2　以太网基础知识

首先，本节简要地介绍一些关于以太网的背景知识。

1. 以太网的分类

通常所说的以太网主要是指以下三种局域网技术：

1）10Mbit/s 以太网，采用同轴电缆作为传输介质，传输速率可以达到 10Mbit/s。

2）100Mbit/s 以太网，采用双绞线作为传输介质，传输速率可以达到 100Mbit/s。

3）1000Mbit/s 以太网，采用光缆或双绞线作为传输介质，传输速率可以达到 1000Mbit/s。

2. 以太网工作原理

以太网最早是由 Xeros 公司开发的一种基带局域网技术。以太网通常使用专门的网络接口卡或通过系统主电路板上的电路实现。以太网使用收发器与网络媒体进行连接。收发器可以完成多种物理层功能，其中包括对网络碰撞进行检测。收发器可以作为独立的设备通过电缆与终端站连接，也可以直接被继承到终端站的网卡中。

以太网采用广播机制，所有与网络连接的工作站都可以看到网络上传送的数据。它们通过查看包含在帧中的目标地址，确定是否进行接收或放弃。如果确定数据是发送给自己的，工作站就会接收数据并传送给高层协议进行处理。

以太网采用 CSMA/CD 介质访问技术。CSMA/CD 是一种分布式介质访问控制协议，网中的各个站（节点）都能独立地决定数据帧的发送与接收。每个站在发送数据帧之前，首先要进行载波监听，只有介质空闲时，才允许发送帧。如果两个以上的站同时监听到介质空闲并发送帧，则会产生冲突现象，使得发送的帧成为无效帧，发送随即宣告失败。因此每个站必须有能力随时检测冲突是否发生，一旦发生冲突，则应停止发送，以免带宽因传送无效帧而被白白浪费，然后随机延时一段时间后，再重新发送帧。

10.8.3 MII 接口设计

CSMA/CD 是一个分层协议，其中 MII 接口用于实现媒体访问控制器 MAC 与物理层收发器 PHY 之间的接口。PHY 与 FPGA 的链接示意图如图 10-57 所示。

如图 10-57 所示，FPGA 采用 XILINX 的 XC3S500E 作为网卡高速处理设备，PHY 芯片采用 SMSC LAN83C185 作为以太网与 OBS 网络的物理层设备。

MII 接口信号包括 MII 数据接口和 MII 管理接口。MII 数据接口的标准输出/输入信号包括：TX_CLK、TX_EN、TXD[3:0]、TX_ER、RX_CLK、RX_DV、RXD[3:0]、RX_ER、CRS、COL。MII 管理接口的标准信号包括：MDC 和 MDIO，各个信号的功能如下：

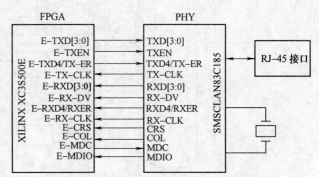

图 10-57　PHY 与 FPGA 的链接示意图

1）E_TXD[3:0]：发送数据（以 FPGA 作为主参考系）。

2）E_TXEN：发送数据使能端。

3）E_TX_CLK：发送数据时钟，100Base_TX 模式下采用 25MHz 的频率。

4）E_RXD[3:0]：接收数据。

5）E_RX_DV：接收数据有效。

6）E_RX_CLK：接收数据时钟，100Base_TX 模式下采用 25MHz 的频率。

7）E_CRS：错误校验。

8）E_COL：MII 冲突检测。

9）E_MDC：串行时钟管理。

10）E_MDIO：串行数据输入/输出管理。

10.8.4 以太网控制器

采用 XILINX 公司的 IP 软核 XPS 10/100 Ethernet MAC Lite 作为以太网控制器。XPS EMAC 的功能框图如图 10-58 所示。

XPS EMAC 包括六个主要模块：PLB 接口模块、发送缓存区、接收缓存区、发送模块、接收模块、MDIO 总线接口模块。

1. PLB 接口模块

该接口模块提供了 Ethernet Lite MAC 和 PLB 总线之间的读写传输。这个模块满足必要的协议和时间要求，并仅提供 PLB 总线和 Ethernet Lite MAC 之间的服务。

2. 发送缓存区

该模块有 2K 字节的双口存储。双口存储用来保存待发送的完整一帧的数据，也可用来保存发送接口控制寄存器中的数据。模块也包括 2K 字节的可操作双口存储，用来作为 pong 缓存器。

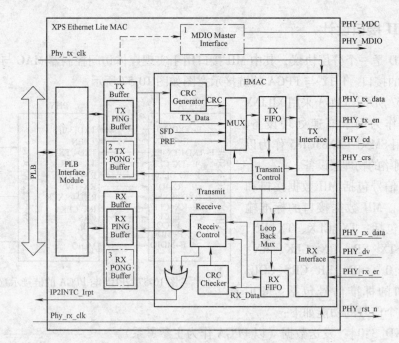

图 10-58　XPS EMAC 功能框图

3. 接收缓存区

该模块有 2K 字节的双口存储。双口存储用来保存接收的完整一帧的数据，也可用来保存接收接口控制寄存器中的数据。模块也包括 2K 字节的可操作双口存储，用来作为 pong 缓存器。

4. 发送模块

该模块包括发送逻辑、CRC 校验产生模块、发送控制 mux、TXFIFO 队列和发送接口模块。CRC 校验产生模块为待发送的帧所计算的 CRC 值。发送控制 mux 为帧排队并发送前导符、SFD、帧数据、填充和 CRC 校验给发送 FIFO。一旦帧传送给了 PHY，模块就会产生发送中断并更新发送控制寄存器。

5. 接收模块

该模块包括 RX 接口、回送控制 mux、RX 先进先出、CRC 校验模块和接收控制模块。RX 接口接收从 PHY 发来的数据，并通过回送控制 mux 存储在 RX 的 FIFO 中。如果 loop back 是开启的，数据在 TX 与 RX 中的 FIFO 则是连通的。CRC 校验模块会计算接收帧的 CRC 值。如果 CRC 值校验正确，则接收控制逻辑会产生帧接收中断。

6. MDIO 总线接口模块

当参数 C_ INLUDE_ MDIO 是 1 时，MDIO 总线接口模块存在 EMAC 核之中。这个模块支持 PHY 寄存器和 PHY 管理单元的连接。

10. 8. 5　PHY 芯片（LAN83C185）

LAN83C185 是遵循 IEEE802.3 标准的 10BASE_ T/100BASE_ T 以太网物理收发器，支持全双工模式，有自动协商功能，通过 MII 接口与 XPS EMAC 模块进行通信。它的引脚分布如图 10-59 所示。

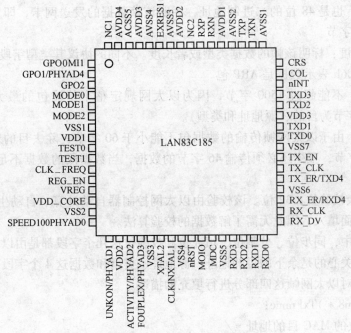

图 10-59 LAN83C185 的引脚分布

按功能分，PHY 包括以下几个部分：

1）100BAST-TX 传输和接收。

2）10BASE-T 传输和接收。

3）MII 与控制器的接口。

4）Auto-negotiate 自动检测最佳速度和全双工的可能性。

5）管理控制读状态寄存器和写状态寄存器。

每一个部分都有自己的工作模式，在此不赘述，详情请参见 LAN83C185 的数据手册。

10.8.6 以太网帧格式设计

下面介绍本文采用的以太网帧的封装格式（单位为字节），见表 10-3。

表 10-3 以太网帧格式

字 段	同步位	分隔位	目的地址	源地址	类型/长度	数据段	填充位	CRC
长度	7	1	6	6	2	46~1500	X	4

1）同步位：用于使收发双方的时钟同步，同时也指明了传输速率，不同传输速率的时钟频率不同，它是 56 位的二进制数 101010…。

2）分隔符：表示后面跟随的是正式数据，而不是同步时钟，为 8 位的值 10101011B。注意：与同步位不同的是最后 2 位是 11B 而不是 10B。

3）目的地址：以太网的地址为 48 位的二进制地址，这 6 个字节的值通常也被称为媒体访问控制地址（MAC），标明该帧传送给哪个网卡。每个网卡都有一个唯一的 MAC 码与之对应。但如果值是 FF：FF：FF：FF：FF：FF，则为广播地址，广播地址的数据可以被任何网卡接收。

4）源地址：也是 48 位的二进制地址，标明该帧数据的发送网卡，即发送端的网卡地址，同样是 6 个字节。

5）类型/长度：标明该帧的数据类型或者长度。不同的协议其类型字段不同。如 814Ch 是 SNMP 包，0806h 表示数据是 ARP 包。

6）数据段：不能超过 1500 字节，因为以太网规定整个传输包的最大长度不能超过 1514 字节（14 字节为目的、源地址和类型）。

7）填充位：由于以太网帧传输的数据包不能小于 60 字节，除去目的地址、源地址和类型字段共 14 字节，至少还必须传输 46 字节的数据，当数据段的数据不足 46 字节时，后面补 0 填充。

8）循环冗余校验位：32 位。该校验由以太网控制器自动计算、自动生成、自动校验、自动在数据段后面填入，因此无需了解数据的校验算法。

在以太网帧中，同步位、分割位、填充位和校验位这几个字段都是由以太网控制器自动产生的。人们所关心的是余下的目的地址、源地址、类型和数据这 4 个字段。在下面的实例程序中，包括了对以太网帧这四部分进行填充的描述。

```
FramePtr = ( u8 * )TxFrame;
/ * 填充有效的 MAC 目的地址 * /
if( XEmacLite_mIsMdioConfigured( InstancePtr) ) {
* FramePtr + + = LocalAddress[ 0 ] ;
* FramePtr + + = LocalAddress[ 1 ] ;
* FramePtr + + = LocalAddress[ 2 ] ;
* FramePtr + + = LocalAddress[ 3 ] ;
* FramePtr + + = LocalAddress[ 4 ] ;
* FramePtr + + = LocalAddress[ 5 ] ;
} else {
* FramePtr + + = RemoteAddress[ 0 ] ;
* FramePtr + + = RemoteAddress[ 1 ] ;
* FramePtr + + = RemoteAddress[ 2 ] ;
* FramePtr + + = RemoteAddress[ 3 ] ;
* FramePtr + + = RemoteAddress[ 4 ] ;
* FramePtr + + = RemoteAddress[ 5 ] ;
} / * 填充 MAC 源地址 * /
* FramePtr + + = LocalAddress[ 0 ] ;
* FramePtr + + = LocalAddress[ 1 ] ;
* FramePtr + + = LocalAddress[ 2 ] ;
* FramePtr + + = LocalAddress[ 3 ] ;
* FramePtr + + = LocalAddress[ 4 ] ;
* FramePtr + + = LocalAddress[ 5 ] ;
/ * 填充类型/长度字段 * /
* ( ( u16 * )FramePtr) = PayloadSize;
```

```
FramePtr + + ;
FramePtr + + ;
/ * 用已知的数据填充数据段,这样就可以检测收到的字段了 * /
for( Index = 0 ; Index  <  PayloadSize ; Index + + )
{ * FramePtr + + = ( u8 ) Index ; }
```

10.8.7　汇聚网卡软件部分

连接 FPGA 与 PHY 芯片的接口。

1. 初始化函数

这是实现网络连通的第一件事。每次程序复位之后,要做的第一件事就是对硬件进行初始化,并设置 EMAC 的 MAC 地址。参考程序如下:

```
/ * 设备的初始化 * /
ConfigPtr = XEmacLite_LookupConfig( DeviceId ) ;
if( ConfigPtr = = NULL )
{return XST_FAILURE ; }
Status = XEmacLite_CfgInitialize( EmacLiteInstPtr,
                   ConfigPtr,
                   ConfigPtr- > BaseAddress ) ;
if( Status ！ = XST_SUCCESS )
{return XST_FAILURE ; }
/ * 设置 MAC 地址 * /
XEmacLite_SetMacAddress( EmacLiteInstPtr, LocalAddress ) ;
/ * 清空任何已有的帧 * /
XEmacLite_FlushReceive( EmacLiteInstPtr ) ;
/ * 检查发送缓存器是否可用 * /
if( XEmacLite_TxBufferAvailable( EmacLiteInstPtr ) ！ = TRUE ) {return XST_FAILURE ; }
```

2. 发送函数

如果初始化成功,则可发送帧。在发送函数中,要检测 MAC 与 PHY 接口是否匹配,之后按以太网帧的格式填充以太网帧。发送函数流程图如图 10-60 所示。

程序代码如下:

```
static int EmacLiteSendFrame( XEmacLite  * InstancePtr,
u32 PayloadSize )
{u8  * FramePtr ;
int Index ;
FramePtr = ( u8  * ) TxFrame ;
/ * 建立 PHY 回送的目的地址和本地地址 * /
if( XEmacLite_mIsMdioConfigured( InstancePtr ) )
{ * FramePtr + + = LocalAddress[ 0 ] ;
```

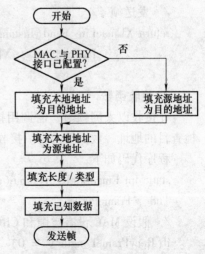

图 10-60　发送函数流程图

```
* FramePtr + + = LocalAddress[1];
* FramePtr + + = LocalAddress[2];
* FramePtr + + = LocalAddress[3];
* FramePtr + + = LocalAddress[4];
* FramePtr + + = LocalAddress[5];
} else {/* 在回送未开启时,填充有效的目的地址 */
* FramePtr + + = RemoteAddress[0];
* FramePtr + + = RemoteAddress[1];
* FramePtr + + = RemoteAddress[2];
* FramePtr + + = RemoteAddress[3];
* FramePtr + + = RemoteAddress[4];
* FramePtr + + = RemoteAddress[5];
}/* 填充源地址 */
* FramePtr + + = LocalAddress[0];
* FramePtr + + = LocalAddress[1];
* FramePtr + + = LocalAddress[2];
* FramePtr + + = LocalAddress[3];
* FramePtr + + = LocalAddress[4];
* FramePtr + + = LocalAddress[5];
/* 建立类型/长度域 */
* ((u16 *) FramePtr) = PayloadSize;
FramePtr + + ;
FramePtr + + ;
/* 用已知的数据填充数据域,便于之后的检测 */
for (Index = 0; Index < PayloadSize; Index + + )
{ * FramePtr + + = (u8) Index; }
/* 发送帧 */
return XEmacLite_Send(InstancePtr, (u8 *) TxFrame,
        PayloadSize + XEL_HEADER_SIZE);
}
```

3. 接收函数

在接收以太网帧时,需调用接收函数,按照以太网帧的格式检查目的地址、数据等内容。接收函数流程图如图10-61所示。

程序代码如下:

```
static int EmacLiteRecvFrame(u32 PayloadSize)
{ u8 * FramePtr;
/* 假设 MAC 没有空隙和 CRC 校验 */
if( RecvFrameLength ! = 0)
{ int Index;
```

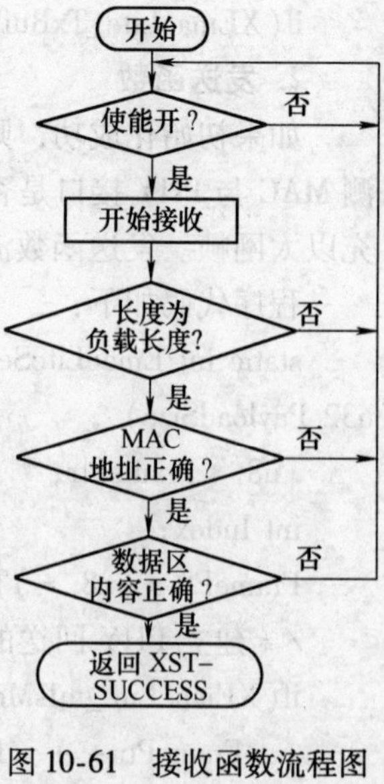

图 10-61　接收函数流程图

```
/*检测长度，应该等于负载长度*/
if（（RecvFrameLength-（XEL_HEADER_SIZE + XEL_FCS_SIZE））！= PayloadSize）
{return XST_LOOPBACK_ERROR；}
/*检查收到帧的内容*/
FramePtr =（u8 *）RxFrame；
FramePtr + = XEL_HEADER_SIZE；/*得到帧数据域的头*/
for（Index =0；Index < PayloadSize；Index + +）
{if（* FramePtr + + ！= （u8）Index）
{return XST_LOOPBACK_ERROR；}
}
}
return XST_SUCCESS；
}
```

10.8.8　测试结果

测试一：如图 10-62 所示的运行结果，是在编写一个 OBS-Ethernet 汇聚网卡的测试代码后得出的。该测试代码的作用是在网卡上设置一个 ping 应答程序，当有 PC 向网卡发送 ping 通信包时，即可完成一次通信。

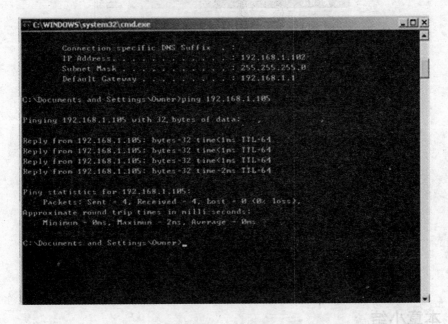

图 10-62　ping 应答结果

测试二：根据 PC 的 IP 地址 192.168.1.102，设定网卡的 IP 地址为 192.168.1.105。如图 10-63 所示，通过 PC 向网卡发送数据。而网卡接收到数据后，将直接将原数据返回，并通过串口显示，测试结果如图 10-64 所示。

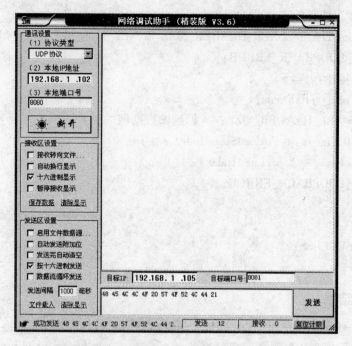

图 10-63　PC 利用串口调试助手向网卡发送数据

图 10-64　PC 上超级终端接收到来自网卡回复的数据

10.9　本章小结

　　本章以 FPGA 为硬件平台，简要介绍了采用 FPGA 实现 OBS 边缘节点中汇聚模块、调度模块、路由协议和控制协议的过程。此外，以 OBS 网络与以太网互联为背景，介绍了 OBS-Ethernet 汇聚网卡的实现过程。

第11章 光突发交换网络核心节点的光学结构设计

OBS 核心节点负责 BDP 的重组、分类，可提供各类业务接口，其功能是完成 BDP 的转发与交换。OBS 网络的核心节点一般由输入接口、控制模块、光交叉连接器和输出接口等部分组成。其中输入接口对输入光信号进行处理，以便读取控制分组信息。控制模块根据控制分组所携带的标签进行操作，并利用控制分组的其他控制信息预留核心节点的带宽资源，据此发出控制指令，控制交换矩阵做出相应的调整，最后再生控制分组。光交叉连接器负责接收来自控制模块的控制指令，建立交叉连接路径以便将随后到达的突发包交换到相应的输出端口。输出接口的作用是减小或消除信号的相位抖动和功率波动，并将再生的控制分组发送到相应的控制信道上。

光交叉连接器（OXC）是 OBS 核心节点的关键器件，对节点中的路由、资源优化配置、保护与恢复机制等都具有重要影响。本章介绍光突发交换网络核心节点中 OXC 的基本原理和结构，并讨论两种新型的用于 OBS 核心节点的 OXC 结构。

11.1 光交叉连接器概述

光交叉连接器（OXC）是 WDM 光网络中的核心器件，它可以避免高速电传输网络中各个节点上的光电和电光转换所产生的电子速率瓶颈，从而实现高可靠、大容量和高灵活的传输。OXC 作为一种新颖的光纤数字传输设备，很好地满足了现代光通信的要求，从而得到了电信业普遍的重视，并得以快速发展。

OXC 的优越性包括：

1）超大容量：以 WDM 技术为基础，实现多方向、大容量的传送能力，能够满足未来不断增长的传输容量要求。

2）大容量无阻塞的光交叉连接（交换）能力：实现波长颗粒度的交叉连接和交换。

3）传输业务透明：复用方式与系统的传输速率及调制方式无关，不同容量的光纤系统、数字或模拟信号均可兼容传输。

4）多种接入方式：对于接入信号中所承载的业务是透明的，即接入信号可以承载多种不同的宽带业务。

5）基于波长通道的端到端连接指配。

6）基于波长通道的网络恢复：能够以预置路由和自动实时计算两种方式支持各种复杂拓扑光网络的路由保护和恢复。

7）完善的网元和网络管理系统：网元管理实现节点内部管理功能。网络管理实现由 OXC、OADM 设备等组成的 WDM 光网络的管理，能够动态配置业务路由，以及快速恢复网络传输业务。

8）与其他网元设备的互连互通：能够实现不同厂商设备之间光通道的互通。并且能够根据标准的协议，实现网管信息的互通、自愈环的互通和波长路由动态重构的互通。

11. 1. 1　OXC 的主要类型

OXC 的光交换模块采用两种基本交换机制：空间交换和波长交换。实现空间交换的器件有各种类型的光开关，它们在空间域上完成输入端到输出端的交换功能。实现波长交换的器件是指各种类型的波长变换器，可以将信号从一个波长上转换到另一个波长上，实现波长域上的交换。另外，光交换模块中还广泛使用波长选择器（如各种类型的可调谐光滤波器和解复用器），完成选择 WDM 信号中一个或多个波长信号通过，而滤掉其他波长信号的功能。这些器件的不同组合可以构成不同结构的 OXC。根据选路功能实现所采用的器件类型，OXC 可分为基于空间交换的 OXC 和基于波长转换的 OXC 两大类。

11. 1. 2　两种典型的基于空间交换的 OXC 结构

实现空间交换的器件有各种类型的光开关，在空间域上完成输入端到输出端的交换功能。

1. 基于空间光开关矩阵和波分复用/解复用器对的 OXC 结构

基于空间光开关矩阵和波分复用器的 OXC 结构，如图 11-1 所示，利用波分解复用器将链路中的 WDM 信号在空间上分开，然后利用空间开关矩阵在空间上实现交换。完成空间交换后各波长信号直接经波分复用器复用到输出链路，大大提高了交叉连接矩阵的容量和灵活性。

光交叉连接矩阵为 M 条光纤入，M 条光纤出。一条光纤中的 N 个波长光信号通过 $1 \times N$ 波分解复用器分解为 N 个单波长光信号，M 条光纤中的光信号分解为 $M \times N$ 个单波长光信号，在光空分交叉连接矩阵内进行交叉连接。交叉后的光

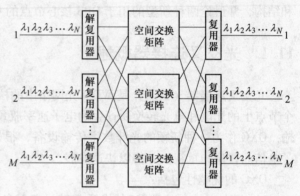

图 11-1　基于空间光开关矩阵和波分复用器的 OXC 结构

信号由波分复用器复用进 M 条光纤，每条光纤包含 N 个波长的光信号，因此要求光空分交叉连接矩阵大小为 $(M \times N) \times (M \times N)$。

2. 基于分送耦合开关的 OXC 结构

基于分送耦合开关的 OXC 结构，如图 11-2 所示，其中的分送开关是一种新型光开关（见图 11-3），由 1×2 个光开关和耦合器构成。每个 1×2 个光开关则由一个 1×2 个耦合器和 2 个 1×1 个光逻辑门组成，具有四种连通状态：①全通、②全不通、③1 号通、④2 号通。这样的分送开关可将多个输入波长耦合到一个输出端，也可将一个输入波长广播发送到多个输出端。分送耦合开关的这些性质，使得这种 OXC 结构只采用波分复用器就实现了广播发送功能。该结构中，每条输入/输出链路对应一个 $M \times N$ 分送耦合开关，增加一条链路只需要增加一个波分复用器、M 个波长变换器、一个分送耦合开关和一个耦合器，使得链路具有模块化的特点。该结构需要 N 个 $M \times N$ 分送耦合开关，对应 $MN \times N$ 个交叉点、$2MN \times N$ 个光逻辑门、N 个波分复用器和 MN 个波长变换器。

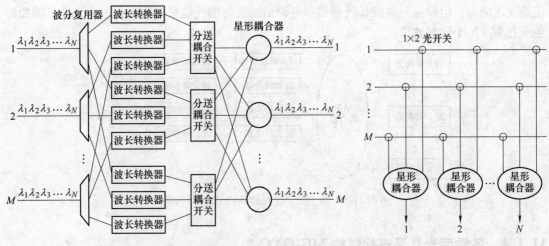

图 11-2 基于分送耦合开关的 OXC 结构   图 11-3 $M \times N$ 分送耦合开关结构

11.1.3 两种典型的基于波长转换的 OXC 结构

各种类型的波长转换器可以将信号从一个波长转换到另一个波长，从而实现波长域上的变换。

1. 基于阵列波导光栅复用器的多级波长转换的 OXC 结构

基于阵列波导光栅复用器的三级波长转换的 OXC 结构，如图 11-4 所示，巧妙地利用了阵列波导光栅的特性，将多级波长转换器级联起来，在波长域上实现光通道的交换。一个阵列波导光栅复用器可同时实现波分复用和解复用的功能，并且把相隔宽度为自由光谱范围的整数倍的多个波长复用到一个输出端。图中 1×1 波长交换器是由一个解复用器、M 个（每个光纤复用 M 个波长）波长转换器和一个耦合器构成。这种结构波长具有模块化特点，但链路不具有模块化特点。

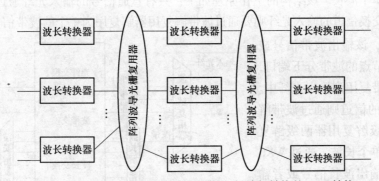

图 11-4 基于阵列波导光栅复用器的三级波长转换的 OXC 结构

2. 基于完全波长转换的 OXC 结构

基于完全波长转换的 OXC 结构（见图 11-5）中，所有输入链路中 WDM 信号首先被波长转换器转成 $M \times N$ 个不同的内部波长，然后通过一个大型耦合器送到 $M \times N$ 条支路中。由可调谐滤波器选出一个特定波长，再由波长转换器转换成所需外部波长与其他波长一起复用到输出链路中。这种结构不仅波长具有模块化特点，同时链路也具有模块化特点，而且还有广播发送能力；但缺点是对波长转换器和可调谐滤波器的性能要求很高，因其工作范围要覆盖所有 $M \times N$ 个内部波长。

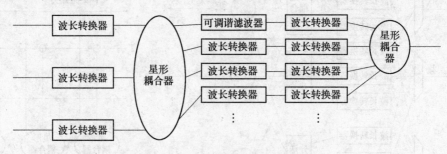

图 11-5　基于完全波长转换的 OXC 结构

11.1.4　多粒度光交叉连接结构 MG-OXC

多粒度光交叉连接结构（MG-OXC）的出现，最初是为满足光传送网日益增加的容量对光交换矩阵的要求而提出的。光纤、波带和波长以及其他粒度的引入，可以降低超大容量无阻塞交叉矩阵的技术复杂度，节约交换节点的成本，并有利于优化其体积、功耗等重要性能指标。配合 ASON 中采用的通用多协议标签交换技术（MPLS），更灵活地提供多粒度交换能力，构建适应下一代光传送的基础网络。

现有的多粒度光交叉连接结构，通常是基于空间矩阵和复用器/解复用器对的光交叉连接结构，分为单层与多层结构，或者分为反馈式与串联式结构。

1. 单层多粒度光交叉连接结构

单层多粒度光交叉连接结构如图 11-6 所示，其光交叉连接矩阵在逻辑上分成光纤交叉连接（FXC）、波带交叉连接（BXC）、波长交叉连接（WXC）三个部分。解复用器包含两级：第一级是波带解复用器，将光纤中的信号解复用为波带信号；第二级为波长解复用器，将波带信号解复用为单个波长。该结构的工作原理如下：只有直通信号的输入光纤通过 FXC 选路输出。含有波带交换信道的输入光纤则要通过波带解复用器解复用为单个的波带信号，然后通过BXC 选路输出，该输出波带信号或者输出到本地节点的波带分下端口，或者再经过波带复用到输出光纤中。含有波长交换的信道则通过波带解复用器、波长级解复用器两级解复用器解复用为单个长波，通过 WXC 选路输出。该输出波长信号或者输出到本地节点的波长分下端口，或者再经过波长复用器和波带复用器复用到输出光纤。同时本地节点的光纤插入端口、波带插入端口、波长插入端口可以通过该交叉连接矩阵连接到输出光纤中。

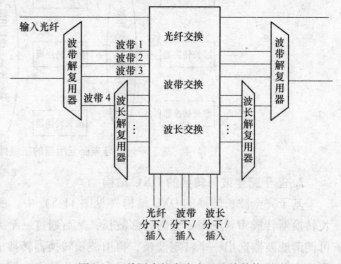

图 11-6　单层多粒度光交叉连接结构

2. 多层多粒度光交叉连接结构

多层多粒度光交叉连接结构如图 11-7 所示，与单层结构一样，其核心部分也是由 FXC、BXC、WXC 三个交换矩阵组成的。与单层结构的区别是它的三个交换矩阵之间有端口连接。FXC 与 BXC 直接通过波带复用/解复用器连接，BXC 与 WXC 直接通过波长复用/解复用器连接。每个交换矩阵提供上下路端口。多层结构的工作原理与单层基本相似，不同的是下层的交换必须先经过上层的交换矩阵。如果光纤中有两个波长要进行波长级的交换，先在 FXC 交换矩阵中交换到 FTB（光纤到波带）端口，通过波带解复用器，解复用成单个波带并在 BXC 交换矩阵中交换到 BTW（波带到波长）端口，通过波长解复用器解复用成单个波长在 WXC 中完成交换。如果信号继续向下游传输，则经过相反的过程从下

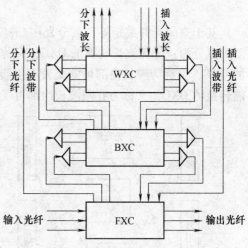

图 11-7　多层多粒度光交叉连接结构

层交换矩阵逐层返回光纤输出端口。与单层结构相比，多层结构的缺点是一些波长的信号可能要经过两次光交叉连接矩阵，从而给光信号带来更多的物理损伤；其优点是任何光纤的信号都可通过光交叉连接矩阵上下路波带、波长信号，而单层结构只能在某些光纤上（那些与波带、波长解复用器相连的光纤）上下路波带、波长信号，因此多层结构更加灵活。

3. 串联式多粒度光交叉连接结构

以上两种结构都属于反馈式结构，而串联式多粒度光交叉连接结构，如图 11-8 所示，和反馈式结构一样，也可分成 FXC 层、BXC 层和 WXC 层。然而，串联式结构不像反馈式结构那样，在 BXC 层和 FXC 层引入反馈，将输入流量和输出流量置于同一个模块处理，而是将输入流量和输出流量清晰地区分开进行处理。

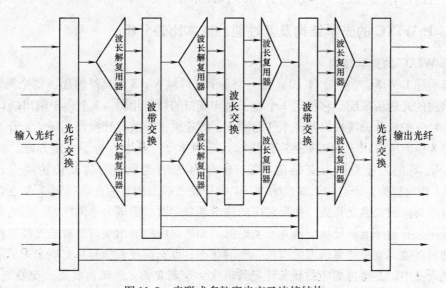

图 11-8　串联式多粒度光交叉连接结构

11.2 用于 OBS 核心节点的 L-WIXC

基于空间光开关矩阵和波分复用/解复用器对的 OXC 结构按照波长转换能力的强弱，主要可以分为：①无波长转换的 OXC，又称为波长选择交叉连接器（WSXC）；②全波长转换的 OXC，又称为波长内部可变交叉连接器（WIXC），如图 11-9 所示。另外还有部分波长功能转换的 OXC，又称为有限波长内部可变交叉连接器（L-WIXC）。

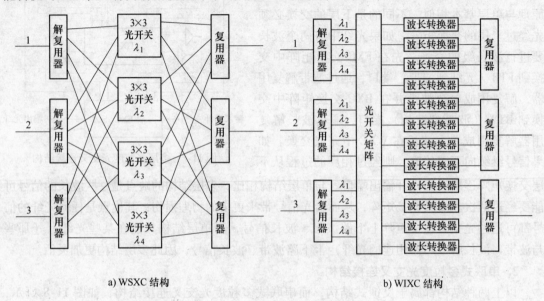

a) WSXC 结构　　　　　　　　　　　　b) WIXC 结构

图　11-9

本节从 OXC 的技术成熟度、性价比及可行性等角度综合考虑，介绍一种适合 OBS 光网络试验平台的具有有限波长转换功能的 OXC 设计方案。

11.2.1 L-WIXC 的光学结构及其性能、成本比较分析

1. L-WIXC 的光学结构

本节所述 L-WIXC（见图 11-10）是一个 3 个光纤输入、3 个光纤输出、每个光纤支持 4 个波长信道的光通信系统。它包括 3 个位于输入端口的解复用器、3 个位于输出端口的复用器、5 个 4×4 的光开关模块以及 4 个任意输入、固定输出的波长转换器。每个光开关模块都预留一个 8 位的串口用于 FPGA 主控模块输入控制指令。其中，为了表述方便，将标号为 S_0、S_1、S_2、S_3 的光开关称为交换光开关，标号为 S_4 的光开关称为波长转换光开关。L-WIXC 的工作流程为：来自输入端口的 WDM 信号经过解复用器后，转换成 4 个独立的波长信号并进入对应的交换光开关。如果对应的输出端口的波长信道为空闲状态，那么该波长信号仍然采用原有频率的波长从交换光开关输出。如果对应的输出端口的波长已经被占用，而当前时刻与该输入波长相邻信道的波长为空闲状态，那么该波长信号从交换光开关输出到波长转换光开关中，并通过相应的波长转换器转化为空闲波长。然后再次进入交换光开关中，最后在输出端口输出。

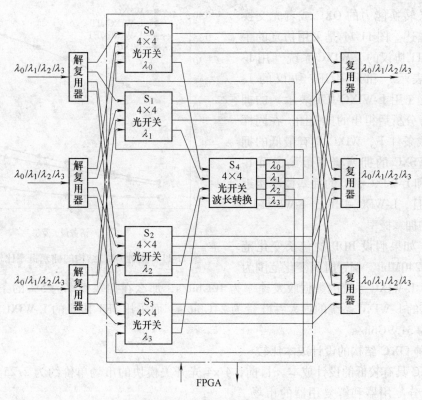

图 11-10　L-WIXC 的光学结构

对于进入 L-WIXC 的波长信号存在 3 种可能的状态：①只通过 1 个交换光开关，然后输出；②通过 2 个交换光开关和 1 个波长转换光开关，然后输出；③由于没有空闲输出波长，所以被 L-WIXC 拒绝服务。假设每个光开关的最大交换时间为 8ms，并且忽略其他器件的信号处理时间，那么对于状态①，L-WIXC 的最大交换时延为 8ms；对于状态②，L-WIXC 的最大交换时延为 24ms。因此，从交换时间角度分析，本节所述 L-WIXC 可以应用于光线路交换、波带交换和光突发交换等。其中，对于光突发交换，偏置时间的选择必须考虑L-WIXC的最大交换时延。

2. 三种 OXC 结构的拥塞性能比较

L-WIXC 的拥塞产生与两个因素相关：①BCP 的到达情况。如果两个或者以上的 BCP 具有相同的目的地址，并且同时到达，那么波长冲突就会发生。如果对应波长编号的相邻波长空闲，那么可以通过波长转换来进行冲突消解。否则，OXC 就会产生拥塞。②OXC 中的波长占用状态。本节针对第二个因素，对 OXC 的拥塞状态进行分析，并假设两个或者两个以上具有相同目的地址的 BCP 不会同时到达。

假设 OXC 输入端口的 BDP 到达率服从均值为 λ 的泊松分布，BDP 包长分布的均值为 $1/\mu$，那么可以将图 11-9a 中的 WSXC 描述为 12 个独立的 M/M/1/1 排队系统，并且这个排队系统的负载 $\rho = \lambda / (12 \times \mu)$。图 11-9b 中的 WIXC 可以被描述为一个 M/M/12/12 排队系统，并且这个排队系统的负载 $\rho = \lambda / \mu$。但是对于 L-WIXC 的描述较为复杂，已有技术通常采用连续时间马尔科夫链（Continuous Time Markov Chains）或者生灭过程（Birth-Death Process）等方法对具

有部分波长转换能力的 OXC 或者光交换
节点进行描述。图 11-11 是采用仿真的手
段对采用 JIT 协议的 L-WIXC 系统（用 L-
WIXC-JIT 表示）和采用 JET 协议的 L-
WIXC 系统（用 L-WIXC-JET 表示）的拥
塞情况进行分析后得出的比较图。在同样
的网络负载条件下，WIXC 具有最低的拥
塞概率，WSXC 的拥塞概率最高，而 L-
WIXC-JIT 和 L-WIXC-JET 的拥塞概率接近
WIXC。并且，L-WIXC-JET 比 L-WIXC-JIT
具有更低的拥塞概率。

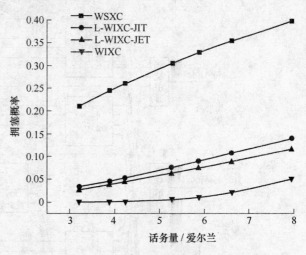

图 11-11　四种 OXC 结构的拥塞概率比较结果

　　同时，如果假设 BDP 的包长变化范
围为 120～240Mbit，偏置时间变化范围为
12～24ms，L-WIXC 系统的数据收发速率为 10Gbit/s，那么在拥塞概率为 5% 的条件下，采
用 JIT 协议的 L-WIXC 系统的最大吞吐量为 24Gbit/s；而采用 JET 协议的 L-WIXC 系统的最
大吞吐量为 31.9Gbit/s。

3. 三种 OXC 结构的设计成本比较

　　L-WIXC 具有较低的设计成本。目前，4×4 光开关模块的市场单价约为 2.25 万元（人
民币），波分复用器和解复用器的市场
单价约为 0.1 万元，任意输入、固定输
出的波长转换器的市场单价约为 0.5 万
元。所以，图 11-9 所示的 WSXC 的设
计成本约为 9.6 万元；图 11-10 中的 L-
WIXC 的设计成本约为 13.85 万元。而
对于图 11-9 所示的 WIXC，由于需要组
建 12×12 的光开关模块，所以 WIXC
的设计成本约为 56.6 万元。图 11-12 是
具有同样输入/输出光纤数和波长数的
WSXC、L-WIXC 和 WIXC 的设计成本对
比结果。

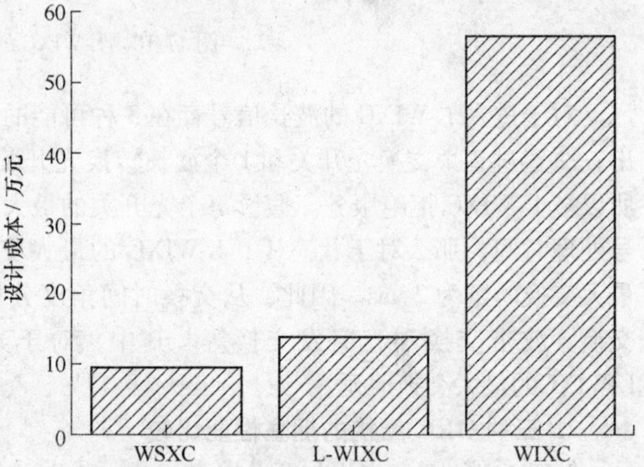

图 11-12　三种 OXC 结构的设计成本对比

　　由拥塞性能和成本比较可得出如下结论：本节所述 L-WIXC 具有较高的性价比，在降低
约 75% 成本的情况下，最大负载时的拥塞概率分别增加了 6.7%（采用 JET 协议时）和 9%
（采用 JIT 协议时）。

11.2.2　L-WIXC 的控制方法

　　图 11-13 是一个为了测试 L-WIXC 的性能而搭建的基于 OBS 网络环境的 L-WIXC 实验平
台。突发数据包（BDP）信号源以一定的概率分布发送 BDP。BDP 经过 1 个分布反馈式激光二
极管（DFB-LD）变成光信号，通过 1 个 WDM 复用器耦合进光纤中传输，并且在每一个 BDP

发送之前，与其对应的突发控制包（BCP）将会提前一个偏置时间发送到 FPGA 控制模块。FPGA 控制模块将根据 BCP 中包含的关于 BDP 的目的地址、包长、偏置时间等信息，并依据当前 OBS 网络中采用的资源预留协议，为即将到达的 BDP 选择和预留可用波长。FPGA 控制模块通过串口输出控制信令，完成对 L-WIXC 中的光开关的配置。如果当前的 L-WIXC 波长使用情况无法为新到达的 BDP 预留波长，那么对应的 BDP 将被丢包。L-WIXC 输出的光信号最终到达一个光接收模块。这个模块主要用来测试成功传输的 BDP 数量和主要的光学参数，并将测试结果反馈至 FPGA 控制模块。

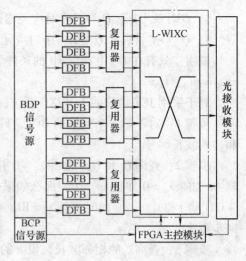

图 11-13　基于 OBS 的 L-WIXC 测试平台

1. 基于 JIT 协议的 L-WIXC 的控制方法

为了描述 L-WIXC 的工作状态，本小节首先给出如下符号表示。

1）$Q_1[\lambda_{ij}]$ 表示 L-WIXC 当前波长占用状态矩阵，其中 λ_{ij} 为布尔型变量。当 $\lambda_{ij}=0$ 时，对应的波长空闲；而当 $\lambda_{ij}=1$ 时，对应的波长被占用。

2）$Q_2[t_{ij}]$ 表示 $Q_1[\lambda_{ij}]$ 中对应波长的占用时间，其中 t_{ij} 为整数型变量。当 $t_{ij}=0$ 时，对应的 $\lambda_{ij}=0$；否则，对应的 $\lambda_{ij}=1$。

3）i 表示输出光纤的端口号，取值范围为 $[0,1,2]$。

4）j 表示对应的波长编号，取值范围为 $[0,1,2,3]$。

5）$BL(n)$ 表示第 n 个 BDP 的包长信息。

6）$OT(n)$ 表示第 n 个 BDP 的偏置时间。

对于采用 JIT 协议的 L-WIXC 系统，FPGA 的控制步骤如下：

步骤 1：对于第 n 个到达的 BCP，FPGA 会记录其中的 $BL(n)$，$OT(n)$，目的端口编号 i，输入波长编号 j。

步骤 2：查询 Q_1，如果 $\lambda_{ij}=0$，那么 $t_{ij}=BL(n)+OT(n)$，$\lambda_{ij}=1$，转向步骤 4；如果 $\lambda_{ij}=1$，那么转向步骤 3。

步骤 3：查询 λ_{ij} 的相邻波长，设 k 的取值范围为 $[0,1,2,3]$ 且 $k\neq j$，如果 $\lambda_{ik}=0$，那么 $t_{ik}=BL(n)+OT(n)$，$\lambda_{ik}=1$，转向步骤 4；如果 $\lambda_{ik}=1$，那么丢弃这个 BCP。

步骤 4：更新 Q_1 和 Q_2 的元素值，等待下一个 BCP 到来。

最后，FPGA 根据计算结果分别向交换光开关和波长转换光开关发送串行指令，并且在 BDP 到达之前完成光开关的配置。

2. 基于 JET 协议的 L-WIXC 的控制方法

与 JIT 协议相比，JET 协议的实现过程较复杂。本节在以上符号表示的基础上，给出进一步的符号说明。

1）$Q_2[t_{ij}]$ 表示 $Q_1[\lambda_{ij}]$ 中对应波长的占用时间，其中 t_{ij} 为整数型变量。

2）$Q_3[en_{ij}]$ 表示 $Q_2[t_{ij}]$ 中对应定时器的使能信息，其中 en_{ij} 为整数型变量。当 $en_{ij}=0$ 时，对应的 t_{ij} 开始计时，并且 $\lambda_{ij}=1$；否则，对应的 t_{ij} 保持预置值不变，并且 $\lambda_{ij}=0$。

3）$Q'_2[t'_{ij}]$表示$Q_2[t_{ij}]$中对应元素的备份信息，其中t'_{ij}为整数型变量。

4）$Q'_3[en'_{ij}]$表示$Q_3[en_{ij}]$中对应元素的备份信息，其中en'_{ij}为整数型变量。

说明：只有在Q'_3中$en'_{ij}=0$的条件下，Q_3中的en_{ij}才可以置0；当$en'_{ij}=0$，$en_{ij}\neq0$时，$en'_{ik}=en_{ik}$，$t_{ik}=t'_{ik}$。

对于采用 JET 协议的 L-WIXC 系统，FPGA 的控制步骤如下：

步骤1：对于第 n 个到达的 BCP，FPGA 会记录其中的 $BL(n)$、$OT(n)$、目的端口编号 i 和输入波长编号 j。

步骤2：查询 Q_1 和 Q_3，如果 $\lambda_{ij}=0$ 并且 $en_{ij}=0$，那么 $t_{ij}=BL(n)$，$en_{ij}=OT(n)$，转向步骤4；如果 $\lambda_{ij}=0$ 并且 $en_{ij}\neq0$，那么如果 $BL(n)+OT(n)\leqslant en_{ij}$，缓存 $en'_{ij}=en_{ij}-(BL(n)+OT(n))$ 和 $t'_{ij}=t_{ij}$。同时更新 $t_{ij}=BL(n)$，$en_{ij}=OT(n)$，转向步骤4；如果 $\lambda_{ij}=1$，那么转向步骤3。

步骤3：查询 λ_{ij} 的相邻波长，设 k 的取值范围为 $[0，1，2，3]$ 且 $k\neq j$，如果 $\lambda_{ik}=0$ 并且 $en_{ik}=0$，那么 $t_{ik}=BL(n)$，$en_{ik}=OT(n)$，转向步骤4；如果 $\lambda_{ik}=0$ 并且 $en_{ik}\neq0$，那么如果 $BL(n)+OT(n)\leqslant en_{ik}$，缓存 $en'_{ik}=en_{ik}-(BL(n)+OT(n))$ 和 $t'_{ik}=t_{ik}$。同时更新 $t_{ik}=BL(n)$，$en_{ik}=OT(n)$，转向步骤4；如果 $\lambda_{ik}=1$，那么丢弃这个 BCP。

步骤4：更新 Q_1、Q_2、Q_3、Q'_2 和 Q'_3 的元素值，等待下一个 BCP 到来。

最后，FPGA 根据计算结果分别向交换光开关和波长转换光开关发送串行指令，并且在 BDP 到达之前完成光开关的配置。

11.2.3　L-WIXC 光学参数仿真平台设计

本节讲述了采用专业仿真软件搭建的 L-WIXC 光学参数仿真平台，如图 11-14 所示。整个光学平台分为光发送模块、信号传输模块、光交叉连接模块、信号检测模块。

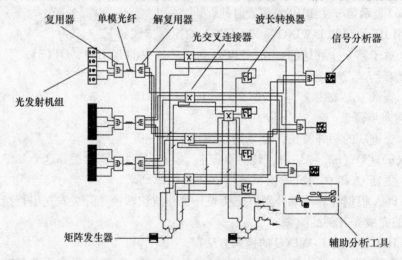

图 11-14　L-WIXC 光学参数仿真平台

1. 光发送模块

仿真平台共有 3 组光发送模块，每组发射模块包括 4 个通断键控（OOK）光发射机和 1 个 WDM 复用器。通断键控光发射机内部由 1 个连续激光源、1 个伪随机二进制序列发生器、

1 个抖动编码和 1 个马赫—曾德尔调制器（Mach-Zehnder Modulator）组成。光发射机首先由伪随机二进制序列发生器产生电信号，然后由抖动编码进行码型变换，最后通过马赫—曾德尔调制器对光源进行调制，将电信号转换为光信号。每组光发送模块中的 4 个激光器的发射频率分别为 $f_0 = 191.6\text{THz}$，$f_1 = 192.6\text{THz}$，$f_2 = 193.6\text{THz}$，$f_3 = 194.6\text{THz}$（对应波长分别为 $\lambda_0 = 1566\text{nm}$、$\lambda_1 = 1558\text{nm}$、$\lambda_2 = 1550\text{nm}$、$\lambda_3 = 1542\text{nm}$），平均光发射功率为 0.1mW，即 -10dBm。4 路光信号由 1 个复用器复用到 1 根光纤中后进入信号传输模块。

2. 信号传输模块

图 11-14 中的信号传输模块采用标准单模光纤（SMF），其衰减系数为 $200 \times 10^{-6}\text{dB/m}$，仿真时选取的光纤色散值分别为 $1.6 \times 10^{-5}\text{s/m}^2$ 和 $3.2 \times 10^{-5}\text{s/m}^2$，长度范围为 $10 \sim 50\text{km}$。

3. 光交叉连接模块

光交叉连接模块由 3 个复用器、3 个解复用器、5 个 4×4 光开关、4 个波长转换器和 2 个矩阵发生器组成。其中，光开关的串扰为 30.0dB，4 个波长转换器的输出频率分别为 $f_0 = 191.6\text{THz}$，$f_1 = 192.6\text{THz}$，$f_2 = 193.6\text{THz}$，$f_3 = 194.6\text{THz}$。矩阵发生器用于输出光开关的控制码。

4. 信号检测模块

信号检测模块由信号分析器、常数发生器、二维数字分析器、多输出连接器和总线分离器组成。这些仪器用来测试光信号的光功率、线性 Q 因子和信号眼图等参数。

本节主要给出 L-WIXC 的串扰（Crosstalk）、线性 Q 因子（Linear Q）和眼图（Eye diagram）的测试结果。其中，线性 Q 因子用来估计 L-WIXC 的光信噪比（OSNR）。它与 OSNR 的关系为

$$Q = \frac{2 \times \text{OSNR} \sqrt{\dfrac{B_\text{o}}{B_\text{e}}}}{1 + \sqrt{1 + 4 \times \text{OSNR}}} \tag{11-1}$$

式中，B_o 表示接收机的光学带宽；B_e 表示接收机后检测（post-detection）滤波器的电学带宽。如果 $\text{OSNR} > 10\text{dB}$，那么式（11-1）可以近似表示为

$$Q = \sqrt{\text{OSNR}} \sqrt{\frac{B_\text{o}}{B_\text{e}}} \tag{11-2}$$

11.2.4　L-WIXC 光学参数仿真结果与分析

1. L-WIXC 的信道串扰

在无波长转换条件下，第一组光发送模块中第一个光发射机发射 $f_0 = 191.6\text{THz}$ 的光信号经第一个光开关后，被传送到光交叉连接模块的第三个输出端口。该光信号在传输过程中经过了复用器、第一个光开关、解复用器 3 个器件。而其他三个光发射机发射的 $f_1 = 192.6\text{THz}$，$f_2 = 193.6\text{THz}$，$f_3 = 194.6\text{THz}$ 光信号，分别经过第二、三、四个光开关，然后被分别传送到光交叉连接模块第一个输出端口或者第二个输出端口。这四个频率的光信号均不经过第五个光开关，所以没有进行过波长转换。最后信号检测模块分析 $f_0 = 191.6\text{THz}$ 主信号的光功率和其他三个频率的串扰信号的光功率。无波长转换条件下的信道串扰图如图 11-15 所示，$f_0 = 191.6\text{THz}$ 主信号的光功率大约为 -15dBm（稍低于初始功率 -10dBm），而

另三个频率的串扰信号的光功率大约为 - 70dBm。因此，主信号强度远高于串扰信号强度。所以，串扰信号对主信号几乎不产生影响。

在有波长转换条件下，第一组光发送模块中第一个光发射机发射的 $f_0 = 191.6$THz 光信号经第一个光开关传送到第五个光开关，然后经过波长转换器转换成频率为 $f_1 = 192.6$THz 的光信号，再通过第二个光开关传送到光交叉连接模块的第三输出端口。该光信号在传输过程中分别经过复用器、第一个光开关、第五个光开关、频率转换器、第二个光开关、解复用器6个器件。而其他三个光发射机发射的 $f_1 = 192.6$THz，$f_2 = 193.6$THz，$f_3 = 194.6$THz

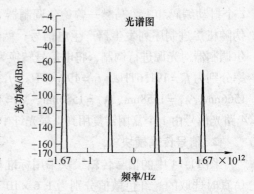

图 11-15　无波长转换情况下的信号串扰图
（中心频率为 193.1THz）

光信号，分别经过第二、三、四个光开关，然后传送到光交叉连接模块第一个输出端口或者第二个输出端口。最后信号检测模块分析 $f_0 = 191.6$THz 主信号的光功率和其他三个频率的串扰信号的光功率。有波长转换条件下的信道串扰图如图 11-16所示，$f_1 = 192.6$THz 主信号的光功率大约为 -15dBm（稍低于原始功率 -10dBm），而另三个频率的串扰信号的光功率为 -70 ~ -50dBm。虽然主信号在需要波长转换的情况下经过了 6 个光器件，但是主信号的强度明显高于串扰信号强度。因此，串扰信号对主信号产生的影响很小。

2. 单节点联网情况下 L-WIXC 的线性 Q 因子

本小节描述了在色散参数分别为 1.6×10^{-5} s/m² （正常色散）和 3.2×10^{-5} s/m² （自设的对比色散）的条件下，单节点联网情况下 L-WIXC 的线性 Q 因子与光纤长度的对应关系（见图 11-17）。单模光纤长度从 10km 增加到 50km 时，随着光纤长度的增大，线性 Q 因子逐渐减小。而色散对线性 Q 因子具有重要影响。色散值越大，线性 Q 因子值越小，对应的 OSNR 值也越小。

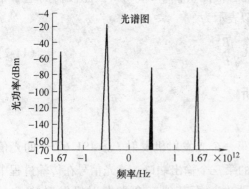

图 11-16　有波长转换情况下的信号串扰图
（中心频率为 193.1THz）

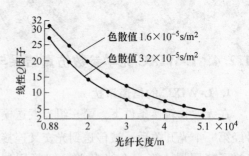

图 11-17　不同色散参数下线性 Q 因子
与长度的对应关系

3. 单节点联网情况下 L-WIXC 的眼图

本小节分析了光纤长度分别为 20km、35km 和 50km 条件下 L-WIXC 的眼图（见图 11-18 ~ 图 11-20）。当光纤长度为 20km 时，L-WIXC 的码间干扰很小，眼图很清晰。光纤长度为

35km 时，眼图质量与 20km 时相比已经下降，但是码间干扰还是处于可以接受的范围。在光纤长度为 50km 时，码间干扰强度很大，眼图整体表现模糊。

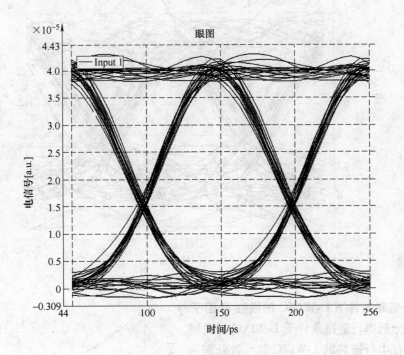

图 11-18　光纤长度为 20km 时的眼图

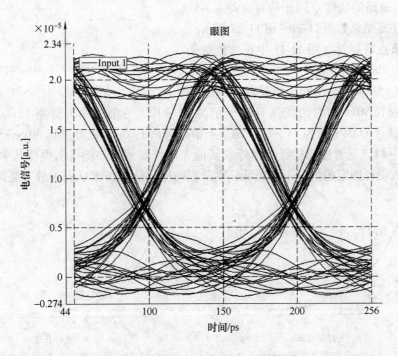

图 11-19　光纤长度为 35km 时的眼图

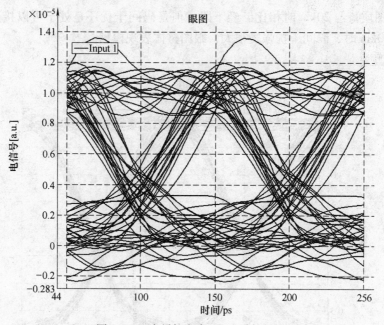

图 11-20　光纤长度为 50km 时的眼图

4. 串行链路条件下 L-WIXC 的线性 Q 因子

本小节分析串行链路条件下 L-WIXC 的联网性能，讨论在串行链路的 L-WIXC 节点数分别为 2、3 和 4 的条件下，L-WIXC 节点之间的光纤长度与整条串行链路的线性 Q 因子的对应关系。线性 Q 因子的仿真结果如图 11-21 ~ 图 11-23 所示。

比较单节点联网时（图 11-17 中正常色散条件）和两节点串行链路情况，当光纤长度在 20 ~ 50km 范围时，结果基本相同。两节点串行链路

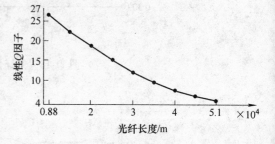

图 11-21　两个节点时的线性 Q 因子
与长度的对应关系

30km（光纤总长 30km）时的线性 Q 因子值为 11 ~ 12，三节点串行链路 15km（光纤总长 30km）时的线性 Q 因子值为 11 ~ 12，四节点串行链路 10km（光纤总长 30km）时的线性 Q 因子值为 10 ~ 11，三者比较接近。另外取其他光纤长度值，亦能得出类似结果。因此，在节点本身插入损耗固定的情况下，光纤长度是影响串行链路线性 Q 因子的主要因素。

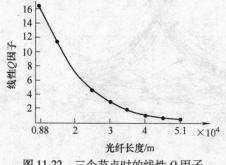

图 11-22　三个节点时的线性 Q 因子
与长度的对应关系

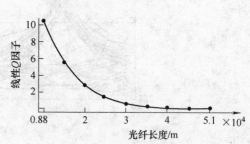

图 11-23　四个节点时的线性 Q 因子
与长度的对应关系

5. 网状链路条件下 L-WIXC 的光功率

本小节分析网状链路条件下 L-WIXC 的联网性能。网状链路模型如图 11-24 所示，每个 L-WIXC 节点间的单模光纤长度为 10km。频率分别为 $f_0 = 191.6\text{THz}$ 和 $f_1 = 192.6\text{THz}$ 光信号从编号为（1）的 L-WIXC 节点进入网状链路，然后在编号为（2）的 L-WIXC 节点分成两路传输至编号为（6）的 L-WIXC 节点。分析在编号为（6）的 L-WIXC 节点的输出端口测得的两路光信号的光功率，如图 11-25 所示。

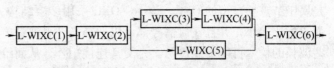

图 11-24　基于 L-WIXC 的网状链路

由于 $f_0 = 191.6\text{THz}$ 的光信号在传输过程中经历了 5 个 L-WIXC 节点，而 $f_1 = 192.6\text{THz}$ 的光信号在传输过程中经历了 4 个 L-WIXC 节点，所以 $f_1 = 192.6\text{THz}$ 的光信号强度大于 $f_0 = 191.6\text{THz}$ 的光信号强度。结果说明：①不同频率的光信号可以在基于 L-WIXC 的网状链路中并行传输；②光纤长度对于信号的光功率有重要影响。

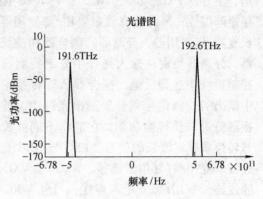

图 11-25　网状链路条件下两路信号的光功率

11.3　用于 OBS 核心节点的 MG-OXC

与传统的 OXC 相比，MG-OXC 最突出的优点是所需的光开关的端口数少，光交换矩阵的规模小。它在光网络中交换节点的成本、体积、功耗等方面起着重要作用。OBS 网络由边缘节点和核心节点两个部分组成。其中核心节点主要负责路由交换功能。OXC 是 OBS 核心节点的关键部分，它的性能优劣直接决定了 OBS 核心节点的性能，甚至于整个 OBS 网络的性能。

本节介绍了一种应用于 OBS 网络核心节点的多粒度光交叉连接结构。光突发交换着眼于单独信道中的数据包粒度（该粒度指数据包大小），通过将多个 IP 包汇聚成一个 BDP 包进行传送，从而减少交换次数，降低网络的交换压力。而多粒度交换技术着眼于多个波长信道，通过将同源或同目的的波长信道复用在一根光纤内进行空间交换，从而减少了交换次数，降低了器件的复杂度。光突发交换网络与多粒度交换技术的结合，将更加增强光通信网络的交换能力，降低交换成本。性能成熟稳定的 MG-OXC 能提高 OBS 网络的性能、降低成本，有望极大地促进 OBS 网络的实用化进程。

11.3.1　MG-OXC 的光学系统结构

由于 OBS 网络的特点之一是控制信道与数据信道的分离，因此该 MG-OXC 不需要具备边缘节点面向终端用户的插入/分下功能，却需具备对控制波长信号的插入/分下功能。为了降低在核心节点的拥塞率，该 MG-OXC 添加了波长转换器，能够在一定程度上改善节点的性能、降低拥塞率。该 MG-OXC 的转换池采用固定波长转换器与光开关的组合，不但降低了波长转换器的成本，还提高了器件利用率。原因有二：一是一种波长信号能够转换成其他任意一种波长的信号；二是波长转换器能够被通过该节点的任意光纤的任意波长信号使用，是属于节点共享型的OXC。该MG-OXC采用多层结构，其优点是使用较小规模的光开关从而串扰比较小，并且任何信号都可以选择光纤、波带、波长任意一种转换形式；其缺点是某些波长的信号可能要经过两次光交叉连接矩阵，从而给光信号带来更多的物理损伤。

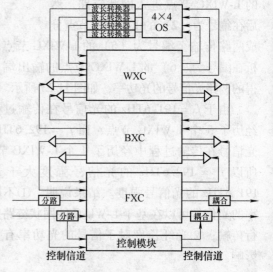

图11-26 MG-OXC的光学系统结构

MG-OXC的光学系统结构，如图11-26所示，主要由FXC、BXC、WXC、4×4 OS四个交换矩阵组成，另外还有波带复用/解复用器、波长复用/解复用器、分路器、耦合器和波长转换器。分路器负责从输入光纤中分下控制信号到控制模块中。相反地，耦合器负责将控制模块中输出的控制信号耦合到输出光纤中。波长转换器负责波长转换功能，它能将不同波长的信号转换成固定波长的信号。FXC与BXC直接通过波带复用/解复用器连接，BXC与WXC直接通过波长复用/解复用器连接，另外WXC与转换池通过光纤直接连接。

控制模块主要包括电光转换器、光电转换器和信号处理电路系统，主要实现三个功能：①控制信道的光信号转换成电信号；②BCP电信号的解析、处理、转发和系统数据统计；③控制信道的电信号重新转换成光信号。

业务源模块主要包括光发射机、波长复用器和电路系统，主要完成两个任务：①电路系统产生OBS业务源信息，即BDP与BCP数据；②光发射器及复用器将电信号转换成光信号并复用到光纤中。

11.3.2 工作原理与控制流程

只有直通信号的输入光纤直接通过FXC选路输出。含有波长交换信道的输入光纤则要通过波带解复用器解复用为单个的波带信号，然后通过BXC执行波带交换选路输出。若波带交换满足不了交换要求，则解复用为单个长波，通过WXC选路输出。如需波长转换还可以执行波长转换功能，最后再经过波长复用器和波带复用器复用到输出光纤中。这与单层结构基本相同，不同之处是下层的交换必须先经过上层的交换矩阵。如果光纤中有两个波长要进行波长级的交换，先在FXC交换矩阵中交换到FTB端口，通过波带解复用器解复用成单个波带在BXC交换矩阵中交换到BTW端，通过波长解复用器解复用成单个波长在WXC中完成交换。如果信号继续向下游传输，最后信号则需经过相反的过程从下层交换矩阵逐层返回光纤输出端口。

所述的控制模块算法流程为：

步骤1：对控制模块进行初始化，建立光开关通路状态及命令值列表。

步骤2：接收输入的BCP控制包。

步骤3：根据输入的BCP控制包来判断是否可以进行光纤层面交换。如果可以则输出控制码到 FXC，转到步骤 8；否则进行下一步骤。

步骤 4：根据输入的 BCP 控制包来判断是否可以波带层面交换。如果可以则输出控制码到 BXC，转到步骤 8；否则进行下一步骤。

步骤 5：根据输入的 BCP 控制包来判断是否可以波长层面交换。如果可以则输出控制码到 WXC，转到步骤 8；否则进行下一步骤。

步骤 6：根据输入的 BCP 控制包来判断是否可以波长转换。如果可以则输出控制码到 4×4 OS，转到步骤 8；否则进行下一步骤。

步骤 7：根据 BCP 的内容，其对应的 BDP 数据包标示拥塞、执行丢弃。

步骤 8：成功输出光开关控制码，处理过程结束。

11.4　本章小结

本章首先简单介绍了 OXC 的基本概念与几种基本的 OXC 结构，然后重点讲述了两种用于 OBS 网络的 OXC 结构——L-WIXC 和 MG-OXC。

对于 L-WIXC，本章不仅介绍了其基本光学结构以及基于 OBS 网络环境的试验平台结构、控制方法、拥塞概率分析和吞吐量计算，还描述了测试 L-WIXC 光学参数性能的仿真平台。针对单个 L-WIXC 节点情况，主要测试了信号串扰、线性 Q 因子和眼图等主要性能指标。在 L-WIXC 联网条件下，分别测试了基于 L-WIXC 的串行链路的线性 Q 因子和基于 L-WIXC 的网状链路的光功率。仿真结果表明：L-WIXC 不仅能够应用于 OBS 网络，而且也适合其他类型和结构的光交换网络（如光线路交换）。除此之外，在仅增加一个 4×4 的光开关模块以及 4 个任意输入、固定输出的波长转换器的条件下，与 WSXC 相比，L-WIXC 有效地改善了网络拥塞性能。与 WIXC 相比，L-WIXC 具有较明显的设计成本优势。从分析结果可以看出，L-WIXC 是一种性价比高、技术上成熟可行的 OXC 实现方案。对于 MG-OXC，本章则相对简单地介绍了光学系统结构、工作原理和控制流程，未对其 MG-OXC 光学性能、拥塞性能等做详尽分析。

附　　录

常用缩略词中英文对照

WDM	Wavelength Division Multiplex	波分复用
OCS	Optical Circuit Switching	光线路交换
OBS	Optical Burst Switching	光突发交换
OPS	Optical Packet Switching	光分组交换
WRON	Wavelength Routing Optical Network	波长路由光网络
BCP	Burst Control Packet	突发控制包
BDP	Burst Data Packet	突发数据包
FGN	Fractional Gaussian Noise	分形高斯噪声
FBM	Fractional Brownian Motion	分形布朗运动
FARIMA	Fractional Autoregressive Integrated Moving Average	分形自回归聚合滑动平均模型
MWM	Multi-fractal Wavelet Model	多分形小波模型
FBL	Fixed Burst Length	固定突发包长度
FAP	Fixed Assembly Period	固定汇聚时间
MSMAP	Max Burst-Size Max Assembly Period	最大突发长度最大突发汇聚时间汇聚机制
MII	Media Independent Interface Module	媒体无关接口模块
CCG	Control Channel Group	控制信道组
DCG	Data Channel Group	数据信道组
CRC	Cyclic Redundancy Check	循环冗余校验
PPJET	Preemptive Prioritized Just Enough Time	优先级抢占 JET
OBS-GS	OBS Grouping Scheduling	OBS 群组调度
NWF	Nearest Wavelength First	最近波长优先调度
AIMD	Additive Increase Multiplicative Decrease	加性增加倍乘减小方法
CLNP	Connectionless Network Protocol	无连接网络协议
UDP	User Datagram Protocol	用户数据报协议
LSP	Link State Packet	链路状态数据包
SPF	Shortest Path First	最短路径优先
AS	Autonomous System	自治系统
IGP	Interior Gateway Protocol	内部网关协议
EGP	Exterior Gateway Protocol	外部网关协议
RIP	Routing Information Protocol	路由信息协议
IGRP	Interior Gateway Routing Protocol	内部网关路由协议
EIGRP	Enhanced Interior Gateway Routing Protocol	增强的 IGRP
BMA	Broadcasting Multi Access	广播特性多路访问
IETF	Internet Engineering Task ForceInternet	工程任务组
ABR	Area Border Router	区域边界路由器
ASBR	Autonomous System Border Router	自治系统边界路由器

LSA	Link-State Advertisement	链路状态广播
DD	Database Description	数据库描述
LSR	Link State Request	链路状态请求
LSU	Link State Update	链路状态更新
LSAck	Link State Acknowledgement	链路状态确认
LSDB	Link State Database	链路状态数据库
LOL	Loss Of Light	光丢失
LMP	Link Management Protocol	链路管理协议
PB	Probe Burst	探测突发
BFD	Bidirectional Forwarding Detection	双向转发检测
FRR	Fast Re-Route	快速重选路由
NS2	Network Simulator-Version 2	第二代网络模拟器
OBS-NP	OBS-NS2-Platform	OBS 仿真平台
OIRC	Optical Internet Research Center	光网络研究中心
SAIT	Samsung Advanced Institute of Technology	三星尖端技术研究所
FDL	Fiber Delay Line	光纤延迟线
NCTUNS	National Chiao Tung University Network Simulator	台湾交通大学网络仿真平台
GUI	Graphical User Interface	图形用户界面
CPLD	Complex Programmable Logic Device	复杂可编程逻辑器件
FPGA	Field Programmable Gate Array	现场可编程门阵列
ASIC	Application Specific Integrated Circuit	专用集成电路
PAL	Programmable Array Logic	可编程阵列逻辑
GAL	Generic Array Logic	通用阵列逻辑
EPLD	Electrically Programmable Logic Device	电可编程逻辑器件
LCA	Logic Cell Array	逻辑单元阵列
CLB	Configurable Logic Block	可配置逻辑模块
IOB	Input Output Block	输入输出模块
WSXC	Wavelength Selective Cross Connector	波长选择交叉连接器
WIXC	Wavelength Interchangeable Cross Connector	波长内部可变交叉连接器
OOK	On-Off Keying	通断键控
OSNR	Optical Signal to Noise Ratio	光信噪比

参 考 文 献

［1］Qiao CM, Yoo MS. Optical Burst Switching（OBS）- A New Paradigm for An Optical Internet［J］. Journal of High Speed Networks, 1999, 8（1）: 69-84.

［2］纪越峰, 王宏祥. 光突发交换网络［M］. 北京: 北京邮电大学出版社, 2005.

［3］余重秀. 光交换技术［M］. 北京: 人民邮电出版社, 2008.

［4］黄善国, 顾畹仪, 张永军, 张沛. IP 数据光网络技术与应用［M］. 北京: 人民邮电出版社, 2008.

［5］朱智俊. 光突发交换网中若干关键技术的研究［D］. 杭州: 浙江工业大学, 2011.

［6］付明磊. 光突发交换网络中的拥塞控制技术研究［D］. 杭州: 浙江工业大学, 2010.

［7］谢世钟, 陈明华, 董毅, 等. 光分组交换网络技术展望［J］. 清华大学学报（自然科学版）, 2002, 42（7）: 855-859.

［8］Xiong YJ, Vandenhoute M, Cankaya HC. Control Architecture in Optical Burst-switched WDM Networks［J］. IEEE Journal on Selected Areas in Communications, 2000, 18（10）: 1838-1851.

［9］Verma S, Chaskar H, Ravikanth R. Optical Burst Switching: A Viable Solution for Terabit IP Backbone［J］. IEEE Network, 2000, 14（6）: 48-53.

［10］Chen Y, Qiao CM, Yu X. Optical Burst Switching: A New Area in Optical Networking Research［J］. IEEE Network, 2004, 18（3）: 16-23.

［11］Battestilli Tzvetelina, Perros Harry. An Introduction to Optical Burst Switching［J］. IEEE Communications Magazine, 2003, 41（8）: S10-S15.

［12］Fu ML, Le ZC. Design of Assembly Control Algorithm Based on Burst Size Feedback for Optical Burst Switching Network［J］. Chinese Optics Letters, 2009, 7（5）: 377-379.

［13］朱智俊, 乐孜纯. 光突发交换中的一种自适应汇聚策略［J］. 光学精密工程, 2010, 18（1）: 248-256.

［14］付明磊, 乐孜纯. 光突发交换网边缘节点汇聚模块的设计［J］. 光学精密工程, 2009, 17（5）: 1134-1140.

［15］朱冉, 乐孜纯, 朱智俊. 三种 OBS 汇聚算法在 NS2 中的实现与比较［J］. 光通信技术, 2008, 9: 29-32.

［16］朱智俊, 乐孜纯, 付明磊. OBS-Ethernet 自适应汇聚模块的设计与性能仿真［J］. 系统仿真学报, 2010, 22（2）: 478-482.

［17］方江平, 乐孜纯, 付明磊. 光突发交换汇聚算法的仿真及算法性能分析［J］. 光通信技术, 2007, 31（12）: 28-30.

［18］潘迪飞. OBS 边缘节点汇聚模块硬件设计与实现［D］. 杭州: 浙江工业大学, 2008.

［19］汪纪锋, 蒋玉莲, 夏汉铸. OBS 网络中的自适应汇聚算法［J］. 重庆大学学报（自然科学版）, 2005, 28（5）: 90-93.

［20］温立, 涂晓东, 王凯等. 一种用于 Optical Crossbar 的自适应分组汇聚算法［J］. 电子科技大学学报, 2005, 34（6）: 951-954.

［21］Kantarci B, Oktug SF, Atmaca T. Performance of OBS Techniques under Self Similar Traffic based on Various Burst Assembly Techniques［J］. Computer Communications, 2007, 30: 315-325.

［22］朱振华, 乐孜纯, 付明磊. 光突发交换网络节点控制模块的硬件设计［J］. 光通信技术, 2009, 33（1）: 12-15.

［23］朱振华, 乐孜纯, 付明磊. 基于 FPGA 的 OBS 边缘节点总线控制硬件设计［J］. 电讯技术, 2008, 48（11）: 87-91.

［24］朱振华. OBS 边缘节点控制模块的硬件设计与实现［D］. 杭州：浙江工业大学，2008.

［25］陈伟，乐孜纯，付明磊. 自适应 RED 算法在 OBS 网络中的应用［J］. 光通信技术，2010，2：14-16.

［26］李翔，乐孜纯，付明磊. 一种支持 QoS 的 OBS 网络数据信道调度协议［J］. 光通信研究，2010，1：18-20，27.

［27］郑和蒙. 光突发交换网中资源预留协议的研究［D］. 杭州：浙江工业大学，2008.

［28］郭蕊. OBS 边缘节点调度模块硬件设计与实现［D］. 杭州：浙江工业大学，2008.

［29］Fu ML, Le ZC, Zhu ZJ. Analysis of Wavelength Conversion in OBS Scheduling Algorithm［C］. Proceedings of SPIE - The International Society for Optical Engineering, 2008, 7136.

［30］Dong W, Fu ML, Le ZC, Sun XS. AIMD control for Deflection Routing in OBS Networks［C］. Proceedings of SPIE - The International Society for Optical Engineering, 2009, 7632.

［31］王汝言，路振山，吴大鹏，等. OBS 网络中基于优先级抢占的回复机制［J］. 光通信技术，2010，34（3）：30-33.

［32］Gauger CM. Optimized Combination of Converter Pools and FDL Buffers for Contention Resolution in Optical Burst Switching［J］. Photonic Network Communications, 2004, 8（2）：139-148.

［33］Rajabi A, Khonsari A, Dadlani A. On Modeling Optical burst Switching Networks with Fiber Delay Lines：A Novel Approach［J］. Computer Communications, 2010, 33（2）.

［34］Lu XM, Mark BL. Performance Modeling of Optical-burst Switching with Fiber Delay Lines［J］. IEEE Transactions on Communications, 2004, 52（12）：2175-2183.

［35］Ramamirtham J, Turner J, Friedman J. Design of Wavelength Converting Switches for Optical Burst Switching［J］. IEEE Journal on Selected Areas in Communications, 2003, 21（7）：1122-1132.

［36］Rosberg Z, Zalesky A, Vu HL, et al. Analysis of OBS Networks with Limited Wavelength Conversion［J］. IEEE-ACM Transactions on Networking, 2006, 14（5）：1118-1127.

［37］Lee S, Sriram K, Kim H, et al. Contention-based Limited Deflection Routing Protocol in Optical Burst-switched Networks［J］. IEEE Journal on Selected Areas in Communications, 2005, 23（8）：1596-1611.

［38］Cameron C, Zalesky A, Zukerman M. Prioritized Deflection Routing in Optical Burst Switching Networks［J］. IEICE Transactions on Communications, 2005, E88B（5）：1861-1867.

［39］Zalesky A, Vu HL, Rosberg Z, et al. Stabilizing Deflection Routing in Optical Burst Switched Networks［J］. IEEE Journal on Selected Areas in Communications, 2007, 25（6）：3-19.

［40］Pedrola O, Rumley S, Careglio D, et al. A Performance Survey on Deflection Routing Techniques for OBS Networks［A］. Proc of 11th International Conference on Transparent Optical Networks［C］, 2009, 1-2：147-152.

［41］Venkatesh T, Jayaraj A, Murthy CSR. Analysis of Burst Segmentation in Optical Burst Switching Networks Considering Path Correlation［J］. Journal of Lightwave Technology, 2009, 27（24）：5563-5570.

［42］Rosberg Z, Vu HL, Zukerman M. Burst Segmentation Benefit in Optical Switching［J］. IEEE Communication Letters, 2003, 7（3）：127-129.

［43］Vokkarane VM, Jue JP. Prioritized Burst Segmentation and Composite Burst-assembly Techniques for QoS Support in Optical Burst-switched Networks［J］. IEEE Journal on Selected Areas in Communications, 2003, 21（7）：1198-1209.

［44］Le ZC, Fu ML, Dong W. Gradient Projection Based RWA Algorithm for OBS Network. Proceedings of 2010 7th International Symposium on Communication Systems, Networks and Digital Signal Processing（CSNDSP 2010）, 2010：272-277.

［45］仇英辉，纪越峰，徐大雄. 光突发交换中的路由技术［J］. 电信科学，2004（1）：21-24.

［46］朱晓菲. OBS 路由协议的研究及应用［D］. 杭州：浙江工业大学，2008.

[47] Fu ML, Le ZC, Zhu ZJ. BFD-based Failure Detection and Localization in IP over OBS/WDM Multilayer Network [J]. International Journal of Communication Systems, 2012, 25 (3): 277-293.

[48] 付明磊, 乐孜纯. 基于双向转发检测协议的光突发交换链路快速故障检测方案 [J]. 光学精密工程, 2009, 17 (12): 3077-3083.

[49] Fu ML, Dong W, Le ZC. BFD-triggered Failure Detection and Fast Reroute for OBS Networks. Proceedings of SPIE - The International Society for Optical Engineering, 2009, 7632.

[50] Cholda P, Jajszczyk A. Recovery and Its Quality in Multilayer Networks [J]. Journal of Lightwave Technology, 2010, 28 (4): 372-389.

[51] Oh SH, Kim YH, Yoo MS, et al. Survivability in the Optical Internet Using the Optical Burst Switch [J]. ETRI Journal, 2002, 24 (2): 117-130.

[52] Kim Y, Ryu M, Park H. Performance Comparisons of Restoration Techniques in Optical Burst Switching Networks [J]. Photonic Network Communications, 2009, 17 (2): 171-181.

[53] Griffith D, Lee SK. A 1 + 1 Protection Architecture for Optical Burst Switched Networks [J]. IEEE Journal on Selected Areas in Communications, 2003, 21 (9): 1384-1398.

[54] Yu HJ, Yoo KM, Han KE, et al. 1 + X: A Novel Protection Scheme for Optical Burst Switched Networks [J]. Information Networking, 2008, 5200: 41-49.

[55] Lim H, Kim N, Ahn S, et al. Dynamic Resource Sharing Protection Using Label Stacking and Burst Multiplexing in Optical Burst Switched Networks [J]. IET Communications, 2009, 3 (3): 363-371.

[56] Lim HS, Park SH. Considerations for Burst-based Recovery in Optical Burst Switching Networks [A]. Proc of the International Conference on Telecommunications [C], 2002, 2777: 1403-1406.

[57] Lee HJ, Song KY, So WH, et al. A Hybrid Restoration Scheme Based on Threshold Reaction Time Inoptical Burst-switched Networks [A]. Proc of International Conference on Computational Science and Its Applications [C], 2004, 3046: 994-1003.

[58] Xin YF, Teng J, Edwards KG., et al. Fault Management with Fast Restoration for Optical Burst Switched Networks [A]. Proc of First International Conference on Broadband Networks [C], 2004: 34-42.

[59] Cisco: BFD [EB/OL]. http://www.cisco.com/en/US/docs/ios/12_0s/feature/guide/fs_bfd.html.

[60] 华为: BFD 技术白皮书 [EB/OL]. http://www.huawei.com/cn/products/datacomm/detailitem/.

[61] 陈利兵. BFD 技术在 IP 承载网中的应用 [J]. 现代电信科技, 2008, 1: 61-64.

[62] Katz D, Ward D. Bidirectional Forwarding Detection. draft-ietf-bfd-base-09. txt [S], 2009.

[63] Kompella K, Swallow G. Detecting Multi-Protocol Label Switched (MPLS) Data Plane Failures [S]. RFC-4379, 2006.

[64] Tacca M, Wu K, Fumagalli A. Local Detection and Recovery from Multi-failure Patterns in MPLS-TE Networks [A]. Proc of IEEE International Conference on Communications [C], 2006: 658- 663.

[65] SU YD. An Integrated Design of Fast LSP Data Plane Failure Detection in MPLS-OAM [A], Proc of Third International Conference on Next Generation Web Services Practices [C], 2007: 23-27.

[66] 朱智俊, 乐孜纯, 朱冉. 基于 NS2 的 OBS 网络仿真平台研究与实现 [J]. 通信学报, 2009, 30 (9): 128-134.

[67] 郑和蒙, 乐孜纯, 付明磊. 一种新型的 OBS 仿真平台的实现及其测试结果 [J]. 计算机应用, 2008, 28 (9): 2213-2215, 2229.

[68] Optical Internet Research Center, OIRC OBS-ns Simulator, http://wine.icu.ac.kr/~obsns/index.php, accessed at October, 2007.

[69] SimReal Inc., NCTUns, http://nsl10.scie.nctu.edu.tw/, accessed at October, 2007.

[70] Wang, SY. The Design and Implementation of the NCTUns 1.0 Network Simulator [J]. Computer Networks,

2003，42：175-197.

[71] Teng J, Rouskas G. N. A Detailed Analysis and Performance Comparison of Wavelength Reservation Schemes for Optical Burst Switched Networks [J]. Photonic Network Communications，2005，9：311-335.

[72] 乐孜纯，付明磊，朱智俊．光突发交换网络边缘节点的性能模拟与硬件实现 [J]．红外与激光工程，2011，40（5）：926-930.

[73] 朱晓菲，乐孜纯，付明磊．OBS 路由协议的 FPGA 实现方案 [J]．电讯技术，2008，48（10）：76-80.

[74] 郭蕊，乐孜纯，朱智俊，付明磊．光突发交换数据调度模块的硬件实现 [J]．电讯技术，2008，48（8）：55-59.

[75] 潘迪飞，乐孜纯，付明磊．一种基于 VerilogHDL 的 OBS 汇聚模块的实现方案 [J]．光通信技术，2008，32（8）：15-18.

[76] 卞燕如，乐孜纯，付明磊．OBS-Ethernet 汇聚网卡的 IP 设计与实现 [J]．光通信技术，2011，4：16-19.

[77] 乐孜纯，陈君，付明磊，朱智俊，侯继斌，张明．一种新型结构光交叉连接节点及其联网性能分析 [J]．光学学报，2011，31（3）：0306005-1-7.

[78] Zichun Le, Zhijun Zhu, Minglei Fu, Jun Chen. Design of a Practical Optical Cross-connect with Limited-range Wavelength Conversion [J] . Chinese Optics Letters, 2010, 8（12）：1120-1123，1671-7694.

[79] 董天临．光纤通信与光纤信息网 [M]．北京：清华大学出版社，2005.